3판

선박 안정론

C. B. Barrass 지음 | 이영우 • 박동우 • 양영준 옮김

SHIP STABILITY
NOTES AND EXAMPLES

TEXT BOOKS
텍스트북스

ELSEVIER

Ship Stability: Notes and Examples, third edition
By Bryan Barrass

This Korean edition of Ship Stability: Notes and Examples, third edition by Bryan Barrass is published by arrangement with Elsevier Ltd.Inc.

Original version ISBN: 978-0-7506-4850-9
Translated version ISBN: 978-89-93543-89-6
Korean version printing 2020

Translated by Textbooks Publishing

Printed in Korea

선박 안정론 3판

SHIP STABILITY NOTES and EXAMPLES

발행일 2020년 9월 5일
저자 Bryan Barrass **역자** 이영우, 박동우, 양영준
발행인 이한성 **발행처** 텍스트북스 **주소** 서울특별시 마포구 독막로 320, 데시앙 오피스텔 803호
전화 02-702-5725, 6 **팩스** 02-702-5727 **웹사이트** www.textbooks.co.kr
등록번호 제2018-000190호

ISBN 978-89-93543-89-6 93550
정가 20,000원

선박 안정론 3판

SHIP STABILITY NOTES and EXAMPLES

역자 약력

❖ **이영우**

Ph.D. 미시간대(미) 조선해양공학
부산대학교 조선해양공학과 학사
현대중공업 선박해양연구소 수석연구원
선박안전기술공단 기술연구원장
(현)동명대학교 조선해양공학부 초빙교수
youngwoodaum@hanmail.net

❖ **박동우**

Ph.D. 부산대학교 조선해양공학과
부산대학교 조선해양공학과 학사
현대중공업 선박해양연구소 책임연구원
(현)동명대학교 조선해양공학부 부교수
(현)4차산업혁명혁신선도대학 사업단장
(현)해양플랜트 O&M시뮬레이션센터 센터장
dwpark@tu.ac.kr

❖ **양영준**

Ph.D. 부산대학교 조선해양공학과
부산대학교 조선해양공학과 학사
스페인 Univ. of Alcala 교환연구
부산대학교 GCRC 연구교수
(현)동명대학교 조선해양공학부 조교수
(현)4차산업혁명혁신선도대학 디지털트윈교육혁신센터장
yangyj.tu@gmail.com

역자 서문

Preface

조선해양공학도에게는 선박안정론이라는 이름은 다소 낯선 이름일 수 있을 것으로 생각되지만, 전통적으로 선박계산으로 통칭되는 책과 유사한 내용을 포함하고 있다. 이 책을 번역하게 된 가장 큰 이유는 실무적 내용과, 다양한 난이도의 예제가 풍부하여 부유체의 복원성을 이해하는데 있어 문턱이 낮을 것으로 판단했기 때문이다.

이 책은 기본적으로 정역학적 개념에 기초하고 있어, 정역학을 선수과목으로 이수하는 것을 권장한다. 1장에서는 복원성계산의 출발인 부력개념을 학습하고, 설계계수, 모멘트의 개념 등이 서술되었다. 2장과 3장에서는 수치 적분을 위한 각종 계산 원리와 예제로 구성되어 있고, 보 이론에 기반한 전단력에 관한 설명이 간단히 있다. 4장과 5장에서는 부유체의 폭 방향과 길이 방향 각각의 복원성 계산에 관한 내용이 있어, 본서에서 가장 핵심으로 간주 될 수 있다. 특히 경험식에 근거한 각종 복원성 계산식은 실무에서 직접 활용될 수 있다. 6장에서는 도크 입거 절차에 관한 내용이, 7장에서는 유체역학적 이론에 근거한 압력 계산에 관한 이론과 예제가 있다. 8장에서는 선박내 유체에 의한 복원성 영향을 계산하고, 9장과 10장에서는 복원성 데이터, 그래프에 관한 해석 방법에 관한 내용으로 끝맺음 하고 있다. 끝으로 부록에서 한 줄 문제, 연습문제, 연습문제 해답이 있다.

선박 및 부유체의 복원성 계산이 쉽지 않은 것은 자명한 사실이다. 하지만 안전과 직결된 문제이기 때문에 한치의 실수도 용납할 수 없는 것이 일반적이다. 따라서 이 책을 통해 정확한 복원성 계산에 도움을 줄 수 있다면 번역자들의 최고의 기쁨일 것이다.

끝으로 본 원서를 작성하신 저자께 경의를 표하며, 텍스트북스 출판사에 감사드립니다.

2020년 8월

이영우, 박동우, 양영준

개정판 서문

Preface

이 책의 초판은 오래 전 1959년에 피터 영(Peter Young) 선장과 존 켐프(John Kemp) 선장이 저술하였다. 초판은 스탠포드 마린 출판사(Stanford Marine Ltd.)에서 출간하였는 데, 1971년에는 미터법단위계로 개정하여 1972년부터 1987년 까지 모두 일곱 차례에 걸쳐 재인쇄본을 출간한 바 있다. 1989년에는 Butterworth-Heinemann 출판사에서 다시 출판을 하였는데 그후 1990년 대 까지 다섯 번에 걸쳐 재인쇄본을 출간하였다. 이 유명한 교과서를 새로운 밀레니엄(100년)을 맞이하여 내용을 업데이트하고 개정하기로 결정하였다. 개정판 저자는 이 개정 작업을 맡아 달라는 요구를 받고 주요한 개정 작업을 수행하였다.

이 개정판은 SQA/MSA 시험을 준비하는 선장, 선원 및 엔지니어링 담당 공무원에게 특별히 도움이 될 것이다. 또한 본서는 학부 과정의 첫 해를 맞이한 ONC, HNC, HND 과정의 조선공학/선박기술 전공 학생에게도 유익한 보조 자료가 될 것이다. 그리고 이 책은 항해 종사자와 화물취급업무를 담당하는 육상 종사자들이 속성 참고 자료로 활용해도 좋을 것이다.

이 책의 주된 목표는 학생들이 선박 안정성(또는 복원성) 과목의 시험을 통과하게 하는 것인데, 66개의 문제풀이를 포함한 예제와 해답 만을 제공한 50개의 연습문제를 포함하였다. 학생들에게 도움을 주고자 '해사과학 전공시험 통과 요령(How to pass exams in Maritime Studies)'을 추가하고, 당 과목의 시험을 치르기 직전에 생각을 정리하고 복습할 수 있는 '개정단문 질문(Revision One-liners)'를 추가하였다.

전체적인 관심사로서 선박의 종류와 특성에 관하여 한 섹션을 추가한 바, 이를 통해 학생들은 향후 해운산업에 종사하게 될 때 선박의 규모와 속력에 대한 기술적 사항을 잘 이해할 수 있게 될 것이다.

이 책의 이전 판에서는 설계계수, GM 값, 횡동요 주기와 투과율(Permeability) 등에 관한 의견들이 제시되었기에, 이 개정판에서는 이러한 요구에 대하여 최신형 상선에 적용할 수 있는 통상적인 수치를 제공하였다. 또한 학생들이 특별한 보조자료로 활용할 수 있게 유익한 공식들을 네 페이지로 늘여 수록하였다.

이 개정판 이전의 제 2판의 내용 중 1할 정도는 삭제되었다. 그 이유는 그 내용이 구식이며 활용하지 않는 주제를 다루고 있었기 때문이다. 삭제된 부분을 대신하여 천수역 운항 시의 동적 침하(Ship squat), 재화중량-모멘트 다이어그램, 선회 시 선체 기울기 각, 심프슨 법칙을 이용한 관성모멘트 계산 등의 주제를 담았다. 이러한 주제는 요즘의 시험 출제 경향에 더 적합한 것들이다.

끝으로, 이 교과서를 학습하는 학생들이 여러 해사과학 전공 수업을 성공적으로 이수하길 바라며, 후일 학생들이 선택하게 될 미래 경력에 행운이 깃들기를 소망하는 바이다.

Bryan Barrass

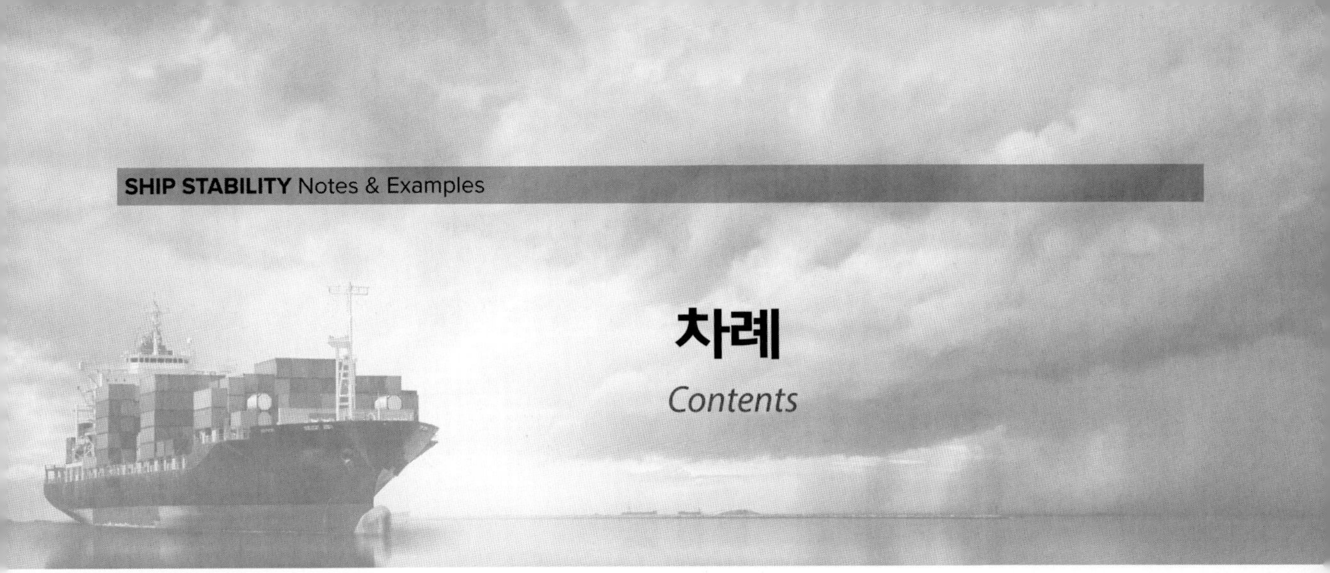

차례

Contents

유용한 공식
Useful Formulae

$KM = KB + BM,\qquad LM = KG + GM$

$R.D. = \frac{\text{물질 밀도}}{\text{담수 밀도}},\qquad \text{배수량} = V \times \rho$

$C_b = \frac{V}{L \times B \times d},\quad C_w = \frac{WPA}{L \times B},\quad C_m = \frac{A_m}{B \times d}$

$C_p = \frac{V}{A_m \times L},\quad C_p = \frac{C_B}{C_m},\quad C_D = \frac{dwt}{\text{배수량}}$

$TPC = \frac{WPA}{100} \times \rho,\quad TPC_{FW} = \frac{WPA}{100},\quad TPC_{SW} = \frac{WPA}{97.57}$

$FWA = \frac{\Delta_S}{4 \times TPC},\ \text{빌지 배수로 인한 침하} = \frac{\text{손실 부력}}{\text{비손상 시의 수선면적}}$

$\text{투과율}\ `\mu\text{'} = \frac{BS}{SF} \times \frac{100}{1}$

면적, 용적, C.G.S. 등을 계산하는 심프슨 법칙

제1법칙: 면적 $= \frac{1}{3}(1, 4, 2, 4, 1)\ \text{etc.} \times h$

제2법칙: 면적 $= \frac{3}{8}(1, 3, 3, 2, 3, 3, 1)\ \text{etc.} \times h$

제3법칙: 면적 $= \frac{1}{12}(5, 8, -1)\ \text{etc.} \times h$

$LCG = \frac{\sum_2}{\sum_1} \times h,\quad LCG = \frac{\sum_M}{\sum_A} \times \frac{h}{2}$

모리쉬 법칙: $KB = d - \frac{1}{3}\left(\frac{d}{2} + \frac{V}{A}\right)$

관성 모멘트 등을 구하기 위한 심프슨 법칙

$$I_{\otimes} = \frac{1}{3} \times \sum_3 \times (CI)^3 \times 2, \quad I_{LCF} = I_{\otimes} - A(LCF)^2$$

$$I_{\text{℄}} = \frac{1}{9} \times \sum_1 \times CI \times 2$$

$$BM = \frac{I}{V}; \quad BM_L = \frac{I_{LCF}}{V}, \quad BM_T = \frac{I_{\text{℄}}}{V}$$

$R_a + T_b =$ 아래 방향 힘의 합

반시계 방향 모멘트 = 시계 방향 모멘트, $\frac{f}{y} = \frac{M}{I}$

상자형 선형 선박의 BM: $BM_T = \frac{B^2}{12 \times d}, \quad BM_L = \frac{L^2}{12 \times d}$

삼각형 선형 선박의 BM: $BM_T = \frac{B^2}{6 \times d}, \quad BM_L = \frac{L^2}{6 \times d}$

일반 선형 선박: $BM_T \doteq \frac{C_w^2 \times B^2}{12 \times d \times C_B}$ and $BM_L \doteq \frac{3 \times C_w^2 \times L^2}{40 \times d \times C_B}$

상자형 선형 선박에 대하여, 각 수선에서 $KB = \frac{d}{2}$ at each WL

삼각형 선형 선박에 대하여, 각 수선에서 $KB = \frac{2}{3} \times d$ at each WL

일반 선형 선박에 대하여, 각 수선에서 $KB \doteq 0.535 \times d$ at each WL

$GZ = GM \times \sin\theta$, 복원모멘트 $= W \times GZ$

$$GZ = \sin\theta\left(GM + \frac{1}{2} \cdot BM \cdot \tan^2\theta\right)$$

$$\tan(\text{loll 각}) = \sqrt{\frac{-2 \times GM}{BM}}$$

$$CG_1 \text{ (화물을 실을 때)} = \frac{w \times d}{W + w}$$

$$CG_1 \text{ (화물을 내릴 때)} = \frac{w \times d}{W - w}$$

$$CG_1 \text{ (화물을 이동시킬 때)} = \frac{w \times d}{W}$$

$$\text{새로운 } KG = \frac{\text{각 화물중량의 킬에 대한 모멘트의 합}}{\text{화물 중량의 합}}$$

$$CG_1 = GM \times \tan\theta$$

$$GM = \frac{w \times d}{W \times \tan\theta} \text{ 또는 } \frac{w \times d}{W \times \frac{x}{l}}$$

$$\text{최대 Kg} = \frac{\text{화물중량의 모멘트}}{\text{화물중량}}$$

$$T_R = 2\pi\sqrt{\frac{k^2}{GM.g}}, \quad T_R \doteq 2\sqrt{\frac{k^2}{GM}}$$

$k \doteq 0.35 \times$ 형폭

정적상태 선박의 기울어짐에 의한 선저−해저 간격의 손실 $= \frac{1}{2} \times b \times \sin\theta$

$$\text{최대 동적 침하량 ‘}\delta\text{’} = \frac{C_B \times V_K^2}{100}$$

$$\text{최대 동적 침하량 ‘}\delta\text{’} = \frac{C_B \times V_K^2}{50}$$

$$F = 580 \times A_R \times v^2, \quad F_t = F \cdot \sin\alpha \cdot \cos\alpha$$

$$\tan\theta = \frac{F_t \times NL}{W \times g \times GM}, \quad \tan\theta = \frac{v^2 \times BG}{g \times r \times GM}$$

$$\text{MCT 1 cm} = \frac{W \times GM_L}{100 \times L}, \quad GM_L \doteq BM_L$$

원유운반선에 대하여, $\quad \text{MCT 1 cm} \doteq \dfrac{7.8 \times (TPC)^2}{B}$

$$\text{선체 평균 침하량} = \frac{w}{TPC}$$

$$\text{트림 변화량} = \frac{\sum(w \times d)}{\text{MCT 1 cm}}$$

최종 흘수 = 원 흘수 + 선체 평균 침하/상승 ± (선수수선 또는 선미 수선)/트림비

$$P = \frac{\text{Trim} \times \text{MCT 1 cm}}{a}, \text{ 도크 거치 시}$$

P = 선체에서 배수 시킨 물의 양(cms(?)로 표시), 도크 거치 시

$$\text{도크 거치로 인한 GM 손실} = \frac{P \times KM}{W} \quad \text{or} \quad \frac{P \times KG}{W - P}$$

복원 모멘트 = 유효 GM × P(상방향 부력)

부력 $= A \times h \times \rho$

격벽에 가해지는 압력의 중심 $= \frac{2}{3} \times h$ (*사각형* 격벽)

$= \frac{1}{2} \times h$ (*삼각형* 격벽)

$= \dfrac{\sum_3}{\sum_2} \times$ CI (선체형 격벽)

$$\text{FSE로 인한 GM 손실} = \frac{i \times \rho_t}{W \times n^2}$$

GZ의변화량 $= \pm GG_1 \cdot \sin\theta$, 1 radian $= 57.3^\circ$

KN 교차곡선을 이용할 경우, $GZ = KN - KG \cdot \sin\theta$

정적 복원 모멘트 $= W \times GZ$

동적 복원 모멘트 = 정적 복원 곡선 아래의 면적 $\times W$

$$= \frac{1}{3} \times \sum_1 \times CI \times W$$

트림 변화량 $= \dfrac{W \times (LCG_{\otimes} - LCB_{\otimes})}{MCT\ 1\,cm}$

선박의 종류와 일반적 특성

Ship Types and General Characteristics

다음의 표는 현 시대에 운항하고 있는 여러 종류의 상선에 대한 특성을 나타내고 있다. 선박의 규모에 대한 제 1 식별정보는 재화톤수(DWT: deadweight Tonnage)이다. 이 재화중량은 선박이 실질적으로 적재하여 운송하는 중량이다. 정기 여객선 등의 선박 설계에서는 총톤수(GT: Gross Tannage)가 이런 제 1 식별정보에 해당한다. 가스 운반선에서는 운송되는 가스의 최대 용적(maximum cubic meters)가 이에 해당한다. 선박의 규모를 판단할 수 있는 또 다른 식별정보로는 선박의 수선 간 길이(LBP)와 비척계수(C_b)를 사용할 수 있다.

표에 기술한 선종을 살펴 보면 일반적으로 최근에 건조한 선박일수록 운항 속력이 증가하는 경향을 보이는 데, 이 운항속력의 증가는 곧 형 흘수에서의 비척계수(C_b)의 감소를 의미함을 알 수 있다. 1975년 경 이후 대형 원유운반선(VLCCs: Very Large Crude Carriers)과 초대형 원유운반선(ULCCs: Ultra Large Crude Carriers)의 설계에서 L/B 비가 점진적으로 감소함을 알 수 있다. 즉 L/B가 6.0 ~ 6.3의 범주로부터 5.0 부근의 값까지 감소함을 알 수 있다.

한 예로 재화중량 281만톤 대형 원유운반선 다이아몬드 자스민호(*Diamond Jasmine*, 1999년 건조)의 경우 L/B 가 319 m/60 이고 그 비가 5.32인 데, 또 다른 예로서 2000년도에 상업 운항 중인 쉐브론 남 아메리카호(Chevron South America)는 재화중량이 413,160톤이며 길이(LBP)가 350 m, 선폭(Breadth Moulded)이 70 m이다.

이들 땅딸막한 원유운반선은 안전/환경에 대한 경각심에 의하여 이중선체로 건조되고 선측부에 평형수 탱크가 배치되어 있다. 물론 이런 설계는 선주 측에서 신건조 선박을 발주를 할 때 선폭의 증대를 요구하고 있음을 의미하기도 한다.

선종 또는 선명	전형적인 재화톤수 (DWT) 또는 화물용적(m^3)	수선 간 길이 LBP (m)	형폭 (m)	만재상태의 비척계수 (C_b)	운항속력 (knots)
Medium sized oil tankers (중형급 원유운반선)	50 000~100 000	175~250	25~40	0.800~0.820	15~15.75
ULCC, VLCC, Supertankers (초대형 원유운반선)	100 000~565 000	250~440	40~70	0.820~0.850	13~15.75
OBO carriers,	up to 173 000	200~300	up to 45	0.780~0.800	15~16
Ore carriers (광석운반선)	up to 322 000	200~320	up to 58	0.790~0.830	14.5~15.5
General cargo ships	3 000~15 000	100~150	15~25	0.675~0.725	14~16
LNG and LPG carriers (LNG 및 LPG 운반선)	75 000~138 000 m^3	up to 280	25~46	0.660~0.680	16~20.75
Container ships (컨테이너 운반선)	10 000~72 000	200~300	30~45	0.560~0.600	20~28
Roll-on/Roll-off car and passenger ferrie (자동차 운반 및 여객운송 겸용 카훼리)	2000~5000	100~180	21~28	0.550~0.570	18~24
정기여객선 (Passenger Liners)	5000~20 000	200~311	20~48	0.600~0.640	22~30
'QEII'(1970년 건조)	15 520	270	32	0.600	28.5
Oriana(1994년 건조)	7270	224	32.2	0.625	24
Stena Explorer SWATH (1996년 건조)	1500	107.5	40	미해당	40

독자들이 지금까지 실제로 건조된 어마어마하게 큰 선박의 규모를 상상할 수 있게 하기 위해 아래와 같이 몇 척의 상선을 선정하여 수록하였다. 이들 선박들은 인류가 설계하고 건조한 이동체 중 가장 거대한 규모로 분류할 수 있다.

최대 원유운반선 – *Jahre Viking*호(1980년 건조, Dwt = 564 739톤)

건조 시 선명은 *Seawise Giant* (1980년), 1989년에 Happy *Giant*로 개명하고 1990년에는 *Jahre Viking*으로 재개명하였음.

배 길이(LBP)는 440 m인데, 이 길이는 축구장 5개 또는 하키 경기장 6개를 합한 것과 같다!!

형폭 = 68.80 m	SLWL = 24.61 m	운항속력(service speed) = 13 kts
최대 광석운반선	*Peene Ore*호(1997년 건조)	재화중량 = 322 398톤
길이 = 320 m	형폭 = 58 m	SLWL = 13 m
운항속력 = 14.70 kts @ 85% MCR		
최대 컨테이너 운반선	*Nyk Antares*호(1997년 건조)	재화중량 = 72 097톤
길이 = 283.8 m	형폭 = 40 m	SLWL = 13 m
운항속력 = 23 kts		
최대 정기여객선	*Voyager of the Seas*호(199년 건조)	
총톤수 142 000		
길이 = 311 m	형폭 = 48 m	SLWL = 8.84 m
운항속력 = 22 kts	승무원 수 = 1180	
승객 수 = 314	갑판 수 = 15	
고속 여객선	*Stena Explorer*호(1996년 건조)	재화중량 = 1500톤
쌍동선(SWATH 설계)		전체 길이 = 125 m
길이 = 107.5 m	형폭 = 40 m	SLWL = 4.5 m
운항속력 = 40 kts	주갑판 까지의 깊이 = 12.5 m	승객 수 = 1500

선박 복원성 – 개념

Ship Stability – the Concept

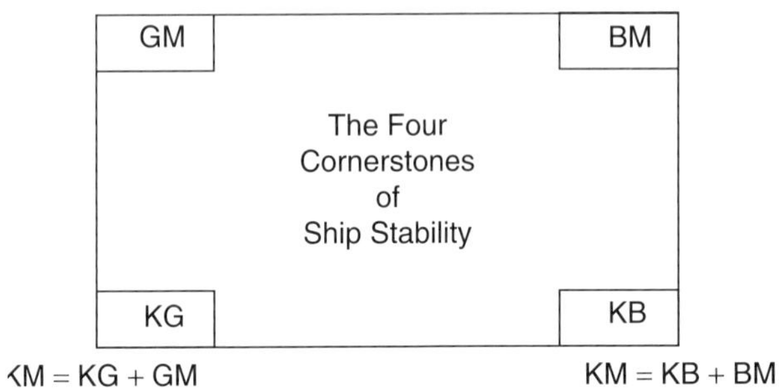

KB와 BM은 선박의 *기하학적 형상*에 따라 결정된다.

KG는 선박의 *적재상태*에 의해 결정된다.

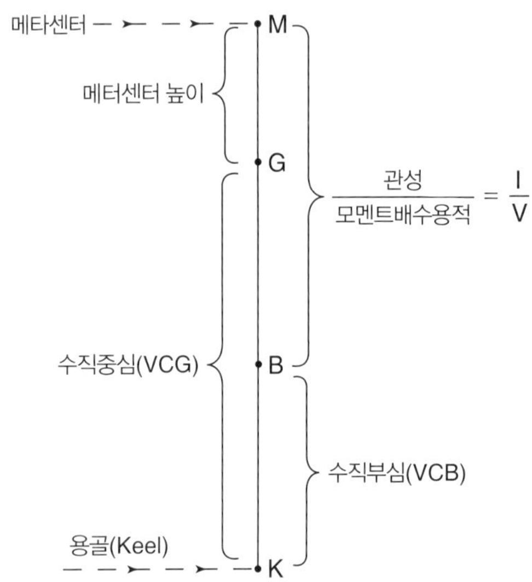

CHAPTER 01

주요 원리

First Principles

SI 단위계는 미터법 단위계와 유사성이 많으므로 통상적인 미터법 단위계에 친숙한 독자라면 SI 단위계의 사용에 어려움이 없을 것이다. 이들 두 단위계에 익숙하지 않은 독자를 위하여 아래에 이들 단위계의 주요 단위를 소개한다.

길이(Length)

$$1\ \text{metre (m)} = 10\ \text{decimetres (dm)} = 1\ \text{m}$$
$$1\ \text{decimetre (dm)} = 10\ \text{centimetres (cm)} = 0.1\ \text{m}$$
$$1\ \text{centimetre (cm)} = 10\ \text{millimetres (mm)} = 0.01\ \text{m}$$
$$1\ \text{millimetre (mm)} = 0.001\ \text{m}$$

질량(Mass)

$$1000\ \text{grammes (g)} = 1\ \text{kilogramme (kg)}$$
$$1000\ \text{kilogrammes (kg)} = 1\ \text{metric ton}$$

힘(Force)

힘은 질량과 가속도의 곱이다.

질량 단위 = kilograms (kg)

가속도 단위 = 초의 제곱 당 미터(m/s^2)

힘 단위 = kg m/s^2 또는 뉴톤(N).

가속도가 9.81 m/s^2(즉 중력가속도)일 때는

kg 9.81 m/s^2는 kgf로 쓸 수 있고, 그래서 1 kgf = 9.81 N

무게(Weight)는 질량과 지구 중력가속도를 곱한 힘인데, 엄격하게는 뉴톤(N) 또는 질량-힘의 단위(kgf)로 나타내어야 하나 관습적으로 이 질량-힘의 단위에서 힘 부분을 생략하고 사용하기에 이 경우의 무게(중량)은 질량의 단위와 동일하게 표현한다.

$$1000 \text{ kgf} = 1 \text{ metric ton force} = 1 \text{ tonne}$$

그러므로 1 tonne은 1 metric ton 중량을 측정하는 단위이다.

모멘트(Moment)는 힘과 거리의 곱이다.

모멘트 단위 = 뉴톤-미터 (Nm)

9.81 Newton = 1 kgf 이므로

9810 Newton = 1000 kgf = 1 tonne

그러므로 큰 중량의 모멘트는 톤-미터로 편리하게 표현할 수 있게 된다.

압력(Pressure)은 단위 면적 당의 추력이나 힘을 말하는 데, 제곱미터 또는 제곱센미터 당 kilogram-force(kgf/m^2 또는 kgf/cm^2)로 표현된다. 큰 압력은 제곱미터당 톤(t/m^2)으로 표현하기도 한다.

밀도(Density)는 단위체적당 질량을 말하는 데 통상적으로 세제곱미터당 kilogramme (kg/m^3)이나 세제곱센티미터당 gramme (g/cm^3)으로 표현한다. 담수의 밀도는 1 g/cm^3 또는1000 kg/m^3이다.

1 metric ton = 1000 kg = 1 000 000 g인데

1 000 000 cm^3을 차지하게 되고,

$$1\,000\,000 \text{ cm}^3 = 100 \text{ cm x } 100 \text{ cm} \times 100 \text{ cm}$$
$$= 1 \text{ m}^3 \text{이다}$$

그래서 담수 1 metric ton은 1 m^3의 부피를 차지하게 된다. 그러므로 수치적으로는 t/m^3 = g/cm^3의 관계가 성립된다. 어떤 액체의 밀도는 액체비중계(hydrometer)로 측정된다. 통상적으로 세 개의 시료를 시험한 후 평균값을 이용한다.

상대밀도(Relative density)는 이전에는, 그리고 지금도 종종 비중(specific weight)으로 불린다. 상대밀도는 어떤 물질의 밀도를 담수의 밀도과 비교한 것이다.

$$\text{R.D.} = \frac{\text{물질의 밀도}}{\text{담수의 밀도}}$$

담수의 밀도가 1(즉 1 t/m^3)이므로 물질의 SI 단위계를 사용할 경우 상대 밀도는 수치적으로 그 물질 자체의 밀도가 된다.

아르키메데스(Archimedes)는 액체 중에 떠 있는 모든 물체는 물체 그 자체의 무게만큼 그 물체가 받치고 있는 유체를 밀어낸다는 사실을 발견했다.

어떤 물체가 유체 중에 놓이게 되면 물체가 물에 잠긴 부분 만큼의 부피에 해당하는 유체를 밀어내게 된다. 만일 물체가 물체 전체의 부피에 해당하는 유체를 밀어내기 전에 그 자신의

무게만큼에 해당하는 유체를 밀어낸다면 그 물체는 그 유체에 떠 있게 되고, 그렇지 않다면 가라앉게 된다.

해수는 상대밀도가 1.025이므로 해수 1.025 metric ton은 1 m^3의 부피를 차지하게 된다. 또는 1 tonne의 해수는 0.9757 m^3의 부피를 차지하게 된다.

강철은 상대 밀도가 7.8이므로 7.8 tonne의 강철이 1 m^3의 부피를 차지하든 지 1 tonne의 강철이 0.1282 m^3의 부피를 차지하게 된다.

1 m^3의 강철이 담수에 잠긴다면 그 강철은 1 m^3의 물을 밀어낼 것이고 그 밀어낸 물의 무게는 1 tonne이 될 것이다. 강철 1 m^3의 무게는 7.8 tonnes이기에 강철은 그 자체의 무게만큼의 물을 밀어 내지 않았다, 이제 동일한 무게를 가졌지만 부피를 크게 키운 2 m^2 부피의 강철을 생각해 보자(강철의 중심부에 1 m^2의 공기를 채웠다고 생각하면 된다). 이렇게 부피를 키운 강철을 담수에 잠기게 하면 2 m^3의 물이 밀려나게 되고 이 밀려난 물 2 m^3의 무게는 2 tonne이 될 것이다. 강철이 물에 뜨기 위해서는 밀어내야 할 물의 무게가 아직 충분하지가 않기에 강철이 물에 뜨기 위해서는 강철의 부피는 아직 더 증가되어야 한다(강철 무게의 증가는 없이). 강철의 부피(그리고 공기 공간)가 7.8 m^3에 다다르면 7.8 m^3의 담수가 밀려 날 것이고 이 밀려난 물의 무게는 강철의 무게와 정확히 같은 7.8 tonnes이 될 것이다. 강철은 이제 물에 뜨게 된다. 강철의 부피가 증가한다면 강철은 일정 양의 건현(freeboard)를 지닌 채 물에 뜨게 되고, 이 일정 양의 부피가 물에 완전히 잠기려면 강철의 무게보다 더 큰 담수 무게가 밀려나야 한다.

요약하면, 물체 전체의 상대비중(R.D.)이 그 물체가 물어 내는 유체의 상대비중(R.D.)보다 작다면 그 물체는 그 유체에 뜨게 될 것이다.

예비부력(Reserve buoyancy)은 흘수 위쪽에 있는 방수가 된 가상의 부피이다. 이렇게 예비 부력을 갖출 필요가 있는 데, 이는 파도가 있는 해상에서 운항 중 선수미나 선체중앙부가 물의 지지를 받지 못하는 경우가 발생할 때 선박은 정수 중에서 그런 작용을 하듯이 물의 지지 받지 않는 선체 부분의 부피만큼 가라 앉으려 할 것이기 때문이다. 이런 경우 선박은 작용하는 힘의 상태로 인해 구조적 손상 등의 위험에 처할 수도 있다. 그림 1.1에 이를 나타냈었다.

***부력 중심*(KB, *Center of buoyancy*)**은 물에 잠김 체적의 기하학적 중심이며 부력의 전체가 수직상향으로 작용하는 점으로 간주된다. 물체가 물에 잠긴 부분의 바닥에서 수선면 까지의 거리를 d라 하고 d = 흘수라 한다면,

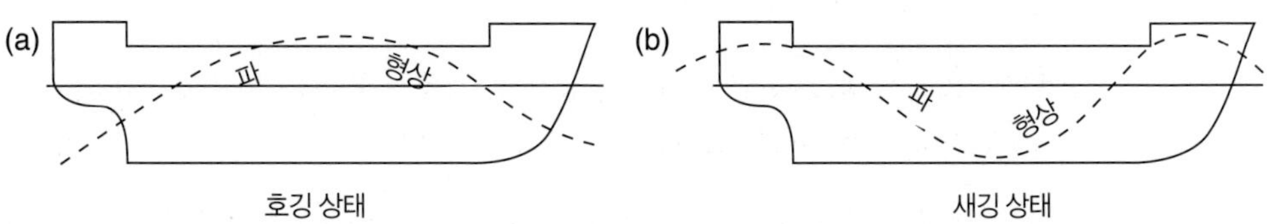

그림 1.1

직육면체 박스형상 $KB = 0.5d$
삼각면체 형상 $KB = (2/3)d$
선체 형상 대략적으로 $KB = 0.535d$
} 용골(keel)로부터의 거리

부력 중심은 2장에서 언급할 심프슨 제 2 법칙으로 계산할 수 있다. 근사적인 위치는 다음과 같은 모리쉬 공식으로 구할 수 있다:

$$\text{수선면 아래의 부력 중심} = \frac{1}{3}\left(\frac{d}{2} + \frac{V}{A}\right) \quad \text{여기에서} \begin{cases} d\text{는 흘수,} \\ V\text{는 배수량,} \\ \text{그리고 } A\text{는 수선면적이다.} \end{cases}$$

무게중심(Center of Gravity) G는 물체의 전체 무게가 작용하고 있는 것으로 간주할 수 있는 물체 내의 한 점이다. (중심에 대한 모멘트의 합은 영이라는 사실을 기억하면 좋을 것이다.)

G의 위치를 찾고 계산하는 방법은 4장에 기술되어 있다.

설계 계수: 조선공학자는 선박 기술에서 통용되는 여러 계수를 이용하는 데, 이 중에서 다섯 가지를 열거하면 다음과 같다:

1. 방형계수(Block coefficient, C_b), 비척계수(Fineness)라고도 함
2. 수선면적계수(Waterplane area coefficient, C_W)
3. 중앙단면적 계수(Midship area coeffocoent, C_m)
4. 주상계수(Prismatic coefficient, C_p)
5. 재화중량계수(Deadweight coefficient, C_D)

방형계수(C_b)는 수면 아래 잠긴 실제 선체의 체적(V)와 그 선체의 길이, 폭, 흘수로 형성된 직육면체의 체적과의 비로 정의된다.

$$C_b = \frac{V}{L \times B \times d} \quad \left\{ \begin{array}{l} C_b > 0.7\text{인 경우 비대선형(full form)} \\ C_b \doteq 0,7\text{인 경우 중간선형(medium form)} \\ C_b < 0,7\text{인 경우 세장선형(fine form)} \end{array} \right\}$$

상선에 대하여 C_b 값의 범위는 선종에 따라 다르겠지만 통상적으로 0.50에서 0.85 정도의 값을 가진다. 이들 값은 뒤에 나올 표를 참조하면 된다.

수선면적계수(Waterplane area coefficient, C_w)는 수선면적(선수 수선에서 선미 수선까지 형성된 폐곡선부의 면적, WPA)과 그 면적을 둘러 싼 사각형의 면적의 비이다.

$$C_w = \frac{WPA}{L \times B}$$

만재상태인 경우에 한하여 이 수선면적은 다음의 약산식으로 간단하게 계산할 수 있다:

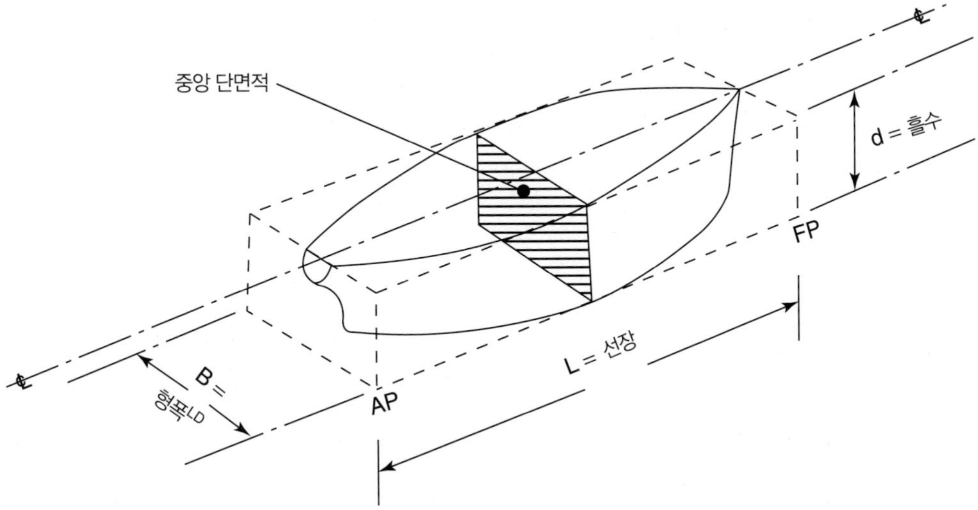

그림 1.2

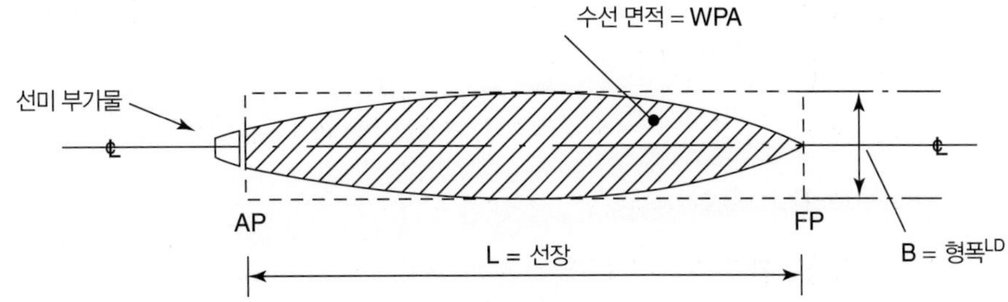

그림 1.3

$$C_w = \left(\tfrac{2}{3} \times C_b\right) + \tfrac{1}{3}.\ \text{@ fully-loaded draft } \textit{only}.$$

하계만재흘수선(SLWL) 아래의 흘수에서는 수선면적(WPA)가 감소하게 되고 그에 따라 C_w 값도 감소한다.

중앙횡단면적계수(Midship coefficient, C_m)은 중앙횡단면적과 그 횡단면을 둘러싼 사각형의 면적 (B × d)의 비이다.

$$\therefore\ C_m = \frac{\text{midship area}}{B \times d}$$

상선에 대하여는 만재상태일 경우의 C_m의 값은 0.975에서 0.995의 값을 가진다.

주형계수(Prismatic coefficient, C_p)는 수면 아래 잠긴 선체의 체적(V)과 중앙횡단면에 선체 길이를 곱한 값과의 비이다.

$$\therefore\ C_p = \frac{V}{\text{midship area} \times L}$$

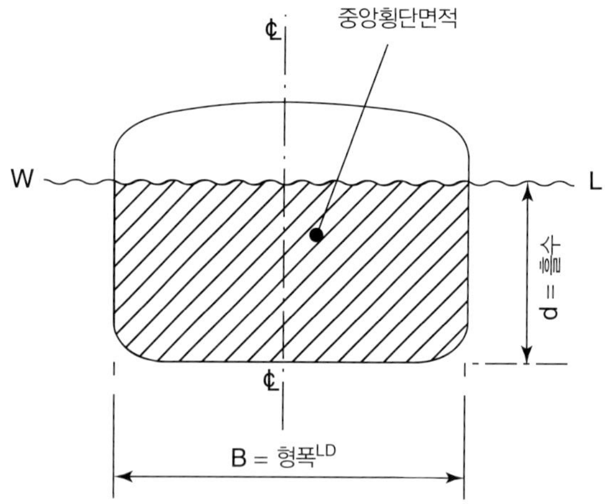

그림 1.4

주형계수는 주로 시험수조에서 종사하는 선박연구자들이 사용하는 계수이다. 방형계수 C_B를 중앙횡단면적계수 C_M으로 나누면 아래와 같이 된다:

$$\frac{C_B}{C_m} = \frac{V}{L \times \cancel{B} \times \cancel{d}} \times \frac{\cancel{B} \times \cancel{d}}{\text{midship area}} = \frac{V}{\text{midship area} \times L}$$

그러므로 각각의 수선에서 $C_p = \frac{C_B}{C_m}$가 된다. 그 결과, C_p는 각각의 수선에서 C_p는 C_B 값 바로 위의 값을 가지게 된다.

재화중량계수(Deadweight coefficient, C_D)는 선박의 재화중량(deadweight, 톤으로 표시한 화물운송량)과 선박 배수량(W)과의 비이다.

$$\therefore C_D = \frac{\text{Deadweight}}{W}$$

설계계수 요약: 우선, 이 모든 설계계수의 결코 1을 넘지 못한다는 사실을 기억하라. 아래의 표에 여러 선종에 대한 전형적인 C_b 값을 나타 내었다.

선종	만재 시 C_b 값	선종	만재 시 C_b 값
초대형유조선	0.850	일반화물선	0.700
대형유조선	0.825	정기여객선	0.625
유조선	0.800	컨테이너선/자동차운반선	0.575
살물선	0.750	예인선	0.500

대형유조선과 초대형유조선의 경우, 이들 설계계수는 소수점 네 자리까지 계산한다. 그 외 다른 선종에 대하여는 소수점 세 자리까지로 반올림해도 충분히 정확하다.

여러 선종에 대한 전형적인 C_D의 값을 아래 표에 나타내었다.

선종	만재 시 C_D 값	선종	만재 시 C_D 값
유조선	0.800 ~ 0.860	컨테이너선	0.600
광석운반선	0.820	정기여객선	0.350 ~ 0.400
일반화물선	0.700	자동차운반선	0.300
LNG/LPG운반선	0.620	정기해협여객선	0.200

유조선과 일바화물선의 경우, 만재 상태에서는 C_D와 C_B의 값은 매우 가까운 데 C_D의 값이 C_B의 값 보다 약간 더 크다.

예제 1

어떤 유조선의 형폭이 39.5 m, 형흘수가 12.75 m, 그리고 중앙횡단면적이 496 m^2이다.

(a) 중앙횡단면적계수(C_m)를 계산하라.

$$C_m = \frac{\otimes \text{ area}}{B \times d} = \frac{496}{39.5 \times 12.75} = 0.9849$$

$$\therefore C_m = 0.9849.$$

(b) 좌현과 우현의 빌지반경을 계산하라.

$$\text{중앙단면적} = \{B \times d\} - \left\{\frac{0.2146 \times r^2}{2}\right\}$$

여기서 r = 빌지반경 P & S

$$\therefore \left\{\frac{\text{중앙단면적} - (B \times d)}{0.2146}\right\} \cdot 2 = -r^2$$

$$\therefore \left\{\frac{496 - (39.5 \times 12.75)}{0.2146}\right\} = -r^2$$

$$\therefore -17.77 = -r^2$$

$$\therefore r^2 = 17.77$$

$$\therefore r = \sqrt{17.77} = 4.215\,\text{m}.$$

예제 2

어떤 일반화물선의 길이가 120 m, 형폭이 20 m, 흘수가 8 m, 8 m 흘수인 경우의 배수량이 14,000톤, 그리고 C_m은 0.985이고 C_W는 0.808이다. 이 선박을 개조하는 데, 길이 10 m의 중앙부 선체를 기존 선박에 용접하여 연장할 계획이다. 개조된 선박의 C_b, C_W, C_p와 배수량을 계산하라.

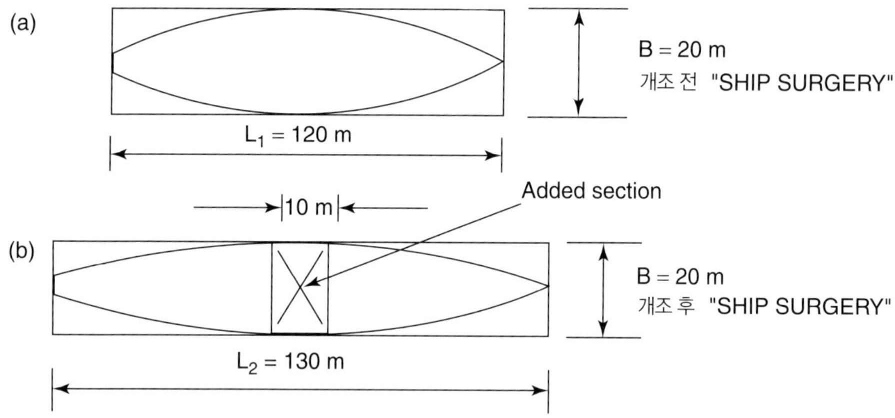

그림 1.5

$$\text{추가 선체부 용적} = C_m \times B \times d \times l = 0.985 \times 20 \times 8 \times 10$$
$$= 1576\ m^3$$

$$\delta W = \delta V \times \rho_{sw}$$

$$\therefore\ \delta W = 1576 \times 1.025 = 1620\,\text{tonnes}$$

<u>*새 배수량*</u> $= W_1 + \delta W = 14\,000 + 1620 = \underline{\mathit{15\,620\,tonnes}} = W_2$

$$\text{새 } C_b = \frac{\text{배수용적}_{(2)}}{L_2 \times B \times d} = \frac{15\,620 \times 1/1.025}{130 \times 20 \times 8}$$

$$\text{새 } C_b = 0.733.$$

$$\text{새 수선면적 WPA} = (0.808 \times L_1 \times B) + (l \times B)$$
$$= (0.808 \times 120 \times 20) + (10 \times 20)$$

$$\therefore\ WPA_2 = 1939.2 + 200 = 2139.2\,m^2$$

$$\text{새 } C_W = \frac{WPA_2}{L_2 \times B} = \frac{2139.2}{130 \times 20} = \underline{0.823}$$

$$\text{새 } C_p = \frac{\text{배수용적}_{(2)}}{L_2 \times \text{횡단면적}} = \frac{15\,620 \times 1/1.025}{130 \times 0.985 \times 20 \times 8} = 0.744.$$

확인: $C_{p(2)} = \dfrac{C_{B(2)}}{C_m} = \dfrac{0.733}{0.985} = 0.744$

근사 계산: $C_{W_{(2)}} = \frac{2}{3} \cdot C_{B_{(2)}} + \frac{1}{3} = (\frac{2}{3} \times 0.733) + \frac{1}{3} = 0.822$, 즉 위에서 구한 새 C_w와 근사한 값임.

예제 3

어떤 컨테이너선의 C_w 값이 선저부에서 시작하여 각 흘수에서 다음의 값을 가진다: 0.427,

0.504, 0.577, 0.647 그리고 하계만재흘수선(SLWL)에서 0.715. 이들 C_w 값은 형흘수 까지 각각 동일한 간격을 가진다. 본 예제를 계산하려면 심프슨 규칙을 알아야 한다(2장 참조).

(a) 본 컨테이너선이 하계만재흘수선까지 화물을 선적했을 경우의 방형계수 C_b를 계산하라.

(b) 만재흘수선까지 선적할 경우의 C_b를 약산식을 이용하여 계산하라.

풀이

(a) 각각의 수선면적(WPA) = $C_w \times L \times B\ m^2$ 그리고 CI = d/4.

	WPA (m^2)	심프슨계수(SM)	용적 계산식
선저부(Base)	0.427·LB	1	0.427·LB
	0.504·LB	4	2.016·LB
	0.577·LB	2	1.154·LB
	0.647·LB	4	2.588·LB
하계만재흘수선(SLWL)	0.715·LB	1	0.715·LB
			$6.900 \cdot LB = \sum_1$

여기에서 $\sum_1$ = 수치의 합

$$\text{배수용적} = \frac{1}{3} \times CI \times \sum_1, \qquad C_b = \frac{\text{배수용적}}{L \times B \times d}$$

$$\therefore C_b = \frac{\frac{1}{3} \times CI \times \sum_1}{L \times B \times d} = \frac{\frac{1}{3} \times \frac{\not{d}}{4} \times 6.900 \cdot \not{L}\not{B}}{\not{L} \times \not{B} \times \not{d}} = \frac{6.900}{12}$$

$\therefore$ $C_b = 0.575$, 만재 상태인 경우.

(b) *약산식*: $C_w = (\frac{2}{3} \times C_b) + \frac{1}{3}$

$$\therefore (C_w - \tfrac{1}{3}) \times \tfrac{3}{2} = C_b \quad \text{하계만재흘수선 즉 형흘수에서의 값}$$

$$\therefore (0.715 - 0.333) \times \tfrac{3}{2} = C_b$$

$$\therefore C_b = 0.382 \times \tfrac{3}{2}$$

$\therefore$ 근사적으로 $C_b = 0.573$으로 계산되는 데, 이 값은 위에서 계산한 값에 매우 근접한 값이다.

배수량

세제곱 미터로 나타낸 배수용적 = $L \times B \times d \times C_b$

여기에서 L = 길이(m)

B = 폭(m)

d = 흘수(m)

C_b = 방형계수(비척계수)

배수톤수 = 밀려난 물의 부피 × 물의 밀도

단, 위의 물의 밀도는 tonnes/m^3으로 나타낸다.

예제 4

길이가 100 m, 폭은 12 m, 깊이는 6 m인 삼각형 형상의 선박이 상대 비중이 1.010인 물을 3030 tonnes 만큼 배수한다. 이 선박의 예비부력은 얼마인가?

$$\text{배수용적} = \frac{3030}{1.010} = 3000\ m^3$$

$$\text{선박 전체의 용적} = \frac{100 \times 12 \times 6}{2} = 3600\ m^3$$

$$\begin{aligned}\text{예비부력} &= \text{전체용적} - \text{배수용적}\\ &= 3600 - 3000\\ &= 600\ m^3\end{aligned}$$

1 cm 침하 시 배수톤수(TPC, Tonnes per centimeter immersion)란 선미에서 선수까지 평균 흘수가 1 cm 증가할 때 추가적으로 배수되는 물의 무게를 일컫는다.

흘수가 1 cm 증가할 때 추가적으로 배수되는 물의 부피는 WPA × $\frac{1}{100}$ m^3인데, WPA는 m^2의 단위를 갖는다.

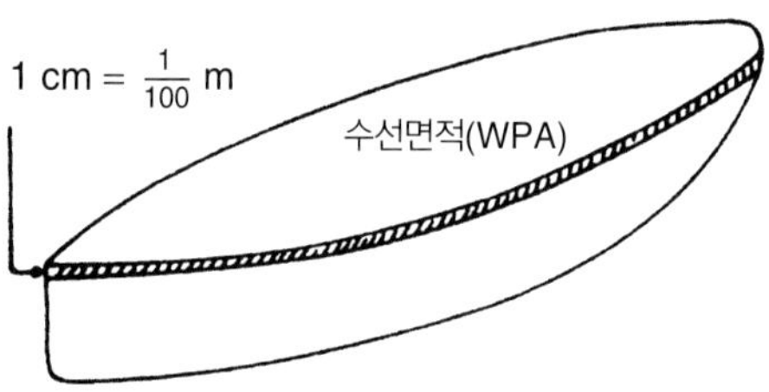

그림 1.6

그러나 1 m^3 = 담수(FW)의 1 메트릭 톤이므로,

$$\text{TCPFW} = \frac{\text{WPA}}{100}$$

$$\text{또는 TPCSW} = \frac{1.025\text{WPA}}{100} = \frac{\text{WPA}}{97.57}$$

담수 수정량(허용량) 계산법

L, B, d는 m로 나타내고, A는 m^2로 나타내어지는 수선면적, T는 TPC이면,

△F는 하계흘수에서의 담수의 배수량

△S는 하계흘수에서의 해수의 배수량

그러면 L × B × d × C_b × 물의 밀도 = 배수량의 메트릭 톤

△F × 1.025 = △F + A × FWA (담수 수정량, 미터 단위)

△F × 0.025 = A × FWA 미터

$$A \times \text{FWA 미터} = \frac{\triangle F}{40}$$

$$100T/1.025 \times \text{FWA 미터} = \frac{\triangle F}{40}$$

$$\text{FWA 미터} = \frac{1.025 \triangle F}{4000T}$$

$$\text{FWA 밀리미터} = \frac{\triangle S \times 1000}{4000T} = \frac{\triangle S}{4T}$$

주의: 담수 수정량(FWA)은 흘수선 규정(Load Line Rules)에 이러한 형태로 주어져 있다. 예제 6을 참조하라.

예제 5

어떤 선박이 강물의 상대밀도가 1.002인 강의 상류에 있는 항구에서 하계만재흘수선까지 화물을 적재했다. 이 선박이 강의 하구에 있는 항구까지 거슬러 내려 운항했는 데, 강 하구 항구에서의 강물의 상대 밀도는 1.017이며 운항 결과 25톤의 연료와 청수를 소비했다. 강 하구의 항구에서 100톤의 화물을 추가적으로 적재하니 다시 하계만재흘수선에 닿게 되었다. 이 선박의 염수 중에서의 하계 배수량은 얼마인가?

$$\text{배수톤} = V \times \text{물의 밀도}$$

이 선박의 흘수는 일정하므로 V는 상수이다.

$$\text{그러므로 } V\ 1.002 = \text{상류에서의 배수톤수}$$

$$V\ 1.017 = \text{하류에서의 배수톤수}$$

$$\text{그리고 } V\ 1.017 = V\ 1.002 + 75$$

$$V = \frac{75}{0.015}$$

$$V = 5000\ m^3$$

$$\text{그러므로 염수에서의 배수량} = V \times \rho_{SW} = 5000 \times 1.025 = 5125\text{톤}$$

예제 6

길이 = 130 m, 형폭 = 8.15 m, C_m = 0.988이고 만재 상태에서의 배수량 = 14500톤이다.

이 경우 C_b, 중앙단면적, 두 가지 방법에 의한 Cp, SLWL에서의 대략적 C_w, SLWL에서의 수선면적, SLWL에서의 TPCsw, 그리고 담수 수정량(Fresh Water Allowance, FWA)를 각각 계산하라.

$$C_b = \frac{\text{배수용적}}{L \times B \times d} = \frac{14\,500 \times \frac{1}{1.025}}{130 \times 19.5 \times 8.15} = 0.685.$$

$$\text{중앙단면적} = C_m \times B \times d = 0.988 \times 19.5 \times 8.15 = 157.02\,m^2.$$

$$C_p = \frac{\text{배수용적}}{L \times \text{중앙단면적}} = \frac{14\,500 \times \frac{1}{1.025}}{130 \times 157.02} = 0.693.$$

$$\text{또는 } C_p = \frac{C_b}{C_m} = \frac{0.685}{0.988} = 0.693 \text{ (위와 같음)}$$

$$\text{SLWL(하계만재흘수선)에서 } C_w = \tfrac{2}{3}C_b + \tfrac{1}{3} = (\tfrac{2}{3} \times 0.685) + \tfrac{1}{3}$$

$$\therefore C_w = 0.790 \text{ @ SLWL.}$$

$$C_w = \frac{WPA}{L \times B} \qquad \therefore WPA = C_w \times L \times B$$

$$\therefore WPA = 0.790 \times 130 \times 19.5$$

$$\therefore WPA = 2003\,m^2 \text{ @ SLWL}$$

$$TPC_{SW} = \frac{WPA}{100} \times \rho_{SW} = \frac{2003}{100} \times 1.025$$

$$TPC_{SW} = 20.53\,t.$$

$$FWA = \frac{W}{4 \times TPC_{SW}} = \frac{14\,500}{4 \times 20.53} = 177\,mm$$

$$= 0.177\,m.$$

예제 7

재화중량 280 650톤인 어떤 선박의 제원은 다음과 같다:

LBP = 319 m, Br. Mld = 56 m, SLWL = 20.90 m, displacement @ SLWL = 324 522 t, $C_m = 0.9882$.

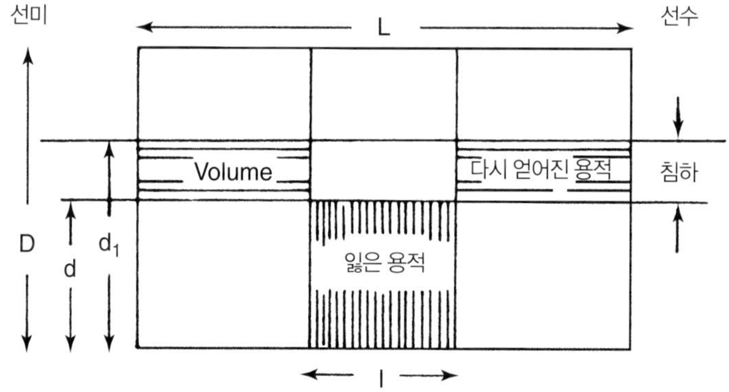

그림 1.7

위에 주어진 데이터를 이용하여 다음을 계산하라:

1. C_b
2. 약산식에 의한 SLWL에서의 C_w
3. 수선면적(WPA)
4. TPC_{sw}
5. 중앙단면적
6. C_p
7. C_D
8. MCT 1 cm 근사값

$$C_b = \frac{\text{배수용적}}{L \times B \times d} = \frac{324\,522 \times \frac{1}{1.025}}{319 \times 56 \times 20.90} = 0.8480.$$

$$\text{SLWL에서의 } C_w \text{ 근사값} = (\tfrac{2}{3} \times C_b) + \tfrac{1}{3} = (\tfrac{2}{3} \times 0.8480) + \tfrac{1}{3} = 0.8987.$$

$$C_w = \frac{WPA}{L \times B} \qquad \therefore\ WPA = C_w \times L \times B = 0.8987 \times 319 \times 56 = 16\,054\,\text{m}^2.$$

$$TPC_{sw} = \frac{WPA}{100} \times \rho_{sw} = \frac{16\,054}{100} \times 1.025 = 164.55\ \text{tonnes}.$$

$$C_m = \frac{\text{중앙단면적}}{B \times d} \qquad \therefore\ \text{중앙단면적} = C_m \times B \times d$$

$$= 0.9882 \times 56 \times 20.90$$

$$= 1156.6\,\text{m}^2.$$

$$C_p = \frac{\text{vol of}\Delta' t}{L \times \text{중앙단면적}} = \frac{324\,522 \times \frac{1}{1.025}}{319 \times 1156.6} = 0.8581.$$

$$\text{혹은 } C_p = \frac{C_b}{C_m} = \frac{0.8480}{0.9882} = 0.8581\ \text{(앞의 예제에서와 같음)}$$

$$C_D = \frac{DWT}{\Delta' t} = \frac{280\,650}{324\,522} = 0.8648.$$

$$\textit{근사값 MCT 1 cm} = \frac{7.8 \times (TPC_{sw})^2}{B} = \frac{7.8 \times 164.55^2}{56}$$

$$= 3771\ \text{t.m/cm}$$

앞에서 강선이 어떻게 물에 뜨는가를 학습하였다. 아래 그림에 나타낸 바와 같이 어떤 선박의 중앙부 선저구획 격실(예: bilge compartment)에 침수가 되었다고 가정한다.

선박 중앙부 구획격실에 물을 채울 경우 $1 \times B \times d$ 만큼의 용적(이는 곧 부력을 의미)을 잃게 된다. 이상실된 부력을 회복시킬 수 있을 때까지 선박은 침하하게 되는 데, 이 부력의 회복에는 이 선박의 예비부력이 사용되었다. 이 선박의 총 예비부력은 $(L - l) \times B \times (D - d)$이다. 상실된 부력의 회복에는 $(L - l) \times B \times (d_1 - d)$의 부피에 해당하는 만큼의 부력이 사용된 것이다.

$$즉,\ l \times B \times d = (L - l) \times B \times (d_1 - d)$$

$$그러므로\ \ d_1 - d = \frac{l \times B \times d}{(L - l) \times B}\ \text{or}\ \frac{l \times d}{(L - l)}$$

또는

$$\begin{array}{l}\text{격실 충수(bilging)으로}\\ \text{인한 흘수 증가}\end{array} = \frac{\text{부력 손실분의 부피}}{\text{비손상 수선면적}} = \frac{\text{손실 부력의 부피}}{\text{비손상 수선면적}}$$

부력 손실이 감소한다는 것은 곧 선체 침하량의 감소를 의미하는 것임을 알 수 있다. 손실 부력의 부피는 수밀평판을 설치한다든가, 화물을 적재한다든가, 또는 발라스트수를 구획격실에 채워 넣음으로서 감소시킬 수 있다. 화물이 구획격실에 적재된 경우, 격실 구획 용적의 일부분에만 물이 들어올 수 있다. 적재된 화물은 또한 비손상 수선면적 값에도 기여한다.

수밀 평판에 수선에 위치하거나 수선 아래 위치한다면 비손상 수선면의 길이는 선박 전체 길이와 같게 된다.

투과율 μ는 좌초나 충돌 등의 원인으로 격실에 물이 침투할 수 있게 된 경우에 그 격실(bilged compartment)에 유입될 수 있는 (침투할 수 있는) 물의 양을 일컫는다.

빈 격실 $\mu = 100\%$	기관실 $\mu = 80\% \sim 85\%$
낱 알갱이 화물창 $\mu = 60\% \sim 65\%$	가득 찬 평형수 탱크 $\mu = 0\%$

예제 8

길이 72 m, 폭 8 m, 깊이 6 m의 상자형 선박이 4 m의 흘수로 떠 있는 상태에서는 선체 중앙부 구획 격실의 길이가 12 m가 된다. 이 중앙부 구획격실에 물이 채워진다면 다음 각각의 경우에서의 선체 침하량(sinkage)은 얼마인가?

(a) 수밀 평판이 킬(선저 용골)로부터 5 m 상부 위치에 설치될 경우

(b) 수밀 평판이 킬(선저 용골)로부터 4 m 상부 위치에 설치될 경우

(c) 수밀 평판이 킬(선저 용골)로부터 2 m 상부 위치에 설치될 경우

(d) 수밀 평판이 킬(선저 용골)로부터 4.5 m 상부 위치에 설치될 경우

풀이

(a) $$\text{침하량} = \frac{\text{손실부력의 부피}}{\text{비손상 수선면적}} = \frac{12 \times 8 \times 4}{(72 - 12) \times 8} = 0.8\ \text{m}$$

주의: '손실부력법(Lost Buoyancy Method)'을 이용하여 계산할 경우, 중량 W와 KG는 격실 구획 침수가 발생한 후에라도 변하지 않는다.

(b) $$\text{침하량} = \frac{\text{손실부력의 부피}}{\text{비손상 수선면적}}$$

$$= \frac{12 \times 8 \times 4}{72 \times 8} = 0.667 \text{ m}$$

(c) $$\text{침하량} = \frac{\text{손실부력의 부피}}{\text{비손상 수선면적}}$$

$$= \frac{12 \times 8 \times 2}{72 \times 8} = 0.333 \text{ m}$$

'중량증가법(Added Weight Method)'를 이용하여 계산할 경우, 격실 구획 침수가 발생하게 되면 중량 W와 KG는 반드시 변한다.

마지막 문제에서는 설치된 평판 아래 부분에 물이 침투한다고 가정한다.

(d)

$$\text{손실부력의 부피} = 12 \times 8 \times 4 = 384 \text{ m}^3$$

$$\text{4 m와 4.5 m 사이에서의 비손상 부피} = (72 - 12) \times 8 \times 0.5$$

$$= 240 \text{ m}^3$$

$$\text{손실된 부피} = 384 \text{ m}^3 - 240 \text{ m}^3 = 144 \text{ m}^3$$

$$\text{추가 침하량} = \frac{\text{손실된 부피}}{\text{수선면적 (above W/T flat)}}$$

$$\text{추가 침하량} = \frac{144}{72 \times 8} = 0.25 \text{ m}$$

$$\text{총 침하량} = 0.50 + 0.25$$

$$= 0.75 \text{ m}$$

예제 9

어떤 선박의 TPC는 12.3이며, 4 m의 흘수를 유지한다. 이 선박의 선체중앙부에 길이 12 m, 폭 10 m, 깊이 6 m의 사각형 화물창고(구획)가 있는 데, 이 구획의 투과율 μ는 60%이다. 이 구획이 침수될 경우 선박의 평균 흘수는 얼마인가?

$$\text{TPC}_{sw} = \frac{\text{WPA}}{100} \times \rho_{sw}$$

$$\therefore \text{ 선박의 수선면적} = \frac{12.3 \times 100}{1.025} = 1200 \text{ m}^2$$

$$\text{구획 면적} = 12 \text{ m} \times 10 \text{ m} = -120 \text{ m}^2$$

$$\text{비침수 시의 구획 전체 면적} = 1080 \text{ m}^2$$

$$\text{구획면적의 } (100 - \mu) = 40\% \times l \times b = +48 \text{ m}^2$$

$$\text{유효 \textit{비침수} 면적} = 1128 \text{ m}^2$$

$$\text{선체 평균 침하량} = \frac{\text{손실 부력의 용적}}{\text{비침수 수선면적}}$$

$$= \frac{12 \times 10 \times 4 \times 60\%}{1128} = 0.26 \text{ m.}$$

$$\begin{aligned} \text{원래의 흘수} &= \quad 4.00\,\text{m} \\ +\ \text{평균 선체 침하량} &= +0.26\,\text{m} \\ \textit{새로운 흘수} &= \quad 4.26\,\text{m} \end{aligned}$$

$\therefore$ *새로운 흘수* $= 4.26$ m

예제 10

어떤 선박의 화물창 구획의 화물적재율이 화물 1톤당 1.5 m^3인데(즉 1톤의 화물이 차지하는 공간의 부피), 상대 밀도(화물밀도/담수 밀도의 비)는 0.8이다. 이 화물구획이 침수가 될 경우 투과율 μ를 추정하라.

$$\begin{aligned} \text{1톤의 화물이 차지하는 공간} &= \frac{1}{\text{R.D}} = \frac{1}{0.80} \\ &= 1.25 \ \ \text{m}^3 \ldots\ldots (\text{I}) \\ \text{SF} = \text{화물의 거치 공간의 용적} &= 1.50 \ \ \text{m}^3 \ldots\ldots (\text{II}) \\ \therefore\ \text{화물거치공간 손실} &= 0.25 \ \ \text{m}^3. \end{aligned}$$

$$\begin{aligned} \text{투과율 } \mu &= \frac{\text{BS}}{\text{SF}} \times 100 = 100/6\ \% \\ &= \frac{0.25}{1.50} \times 100 = \frac{100}{6}\ \% \end{aligned}$$

그러므로 투과율 $\mu = 16.67\%$

모멘트 계산 원리

어떤 한 점에 대한 어떤 힘(중량)의 모멘트는 그 힘과 그 힘의 작용점과 모멘트가 취해지는 점 사이의 직각 거리의 곱으로 정의할 수 있다. 모멘트의 단위는 힘-거리로 나타내는 데, 선박에 적용할 경우에는 톤-미터로 나타낸다. F는 (지렛대의) 받침점인데, 이 점에 대하여 모멘트를 계산할 수 있다.

모멘트의 원리를 간단하게 응용해 보면, 아래에서 보이는 바와 같이 여러 중량물들의 중심(무게중심)의 위치를 계산할 수 있다.

다음과 같이 F점(지렛대 받침점)에서 균형을 유지하고 있는 무질량 보(beam)를 생각해 보자.

그림 1.8

F로부터 8 m 지점에 5톤의 중량물을 놓아 보자. 이것은 F점에 대하여 5 × 8톤-미터의 모멘트를 발생시키게 되고, 그 결과 보를 시계 방향으로 회전시키게 된다.

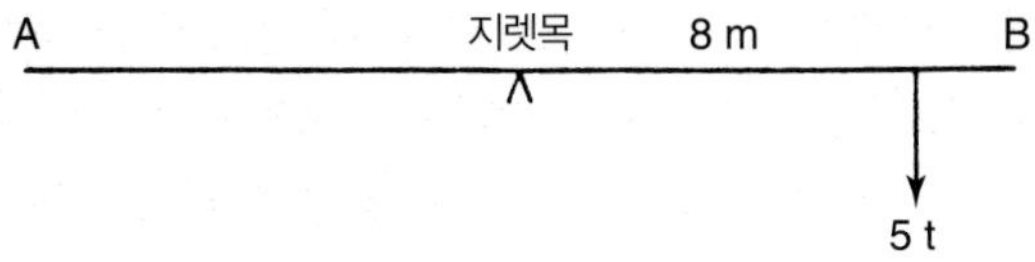

그림 1.9

보의 균형을 유지하기 위해, 비슷한 5톤 중량물을 앞의 중량물 위치와 반대편에 F점에서 8 m 떨어진 지점에 놓는다. 이 중량물에 의한 모멘트는 크기는 같지만 첫 번째 중량물과는 반대쪽으로 회전시키는 효과가 있게 되어 첫 번째 중량물에 의한 회전을 상쇄시킨다.

그림 1.10

만일 8톤 짜리 중량물 한 개 뿐이라면, 이 8톤 중량물을 5 m의 거리에 놓음으로서 모멘트를 발생시키고 그 결과 처음의 전복 모멘트(보를 회전시키려는 모멘트)를 상쇄시켜 보의 균형을 유지한다.

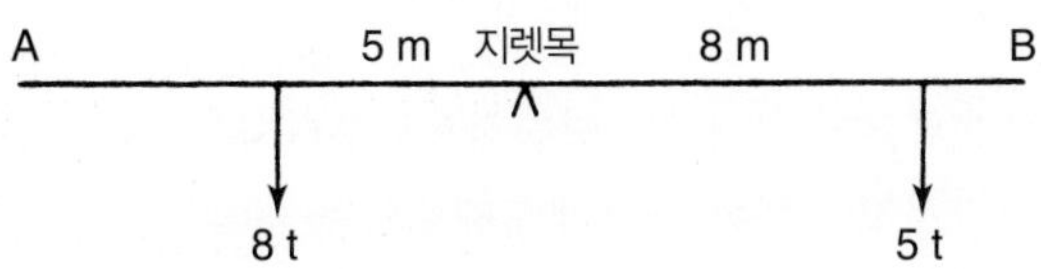

그림 1.11

받침점 F의 왼쪽 3 m 지점과 2 m 지점에 6톤과 11톤의 중량물을 놓으면 8톤-5 m의 모멘트와 동일한 총 모멘트를 얻는다. 40 톤−미터의 모멘트를 발생시킬 수 있는 중량물−거리의 조합은 아주 많으며 이들 모멘트는 보의 균형을 유지한다.

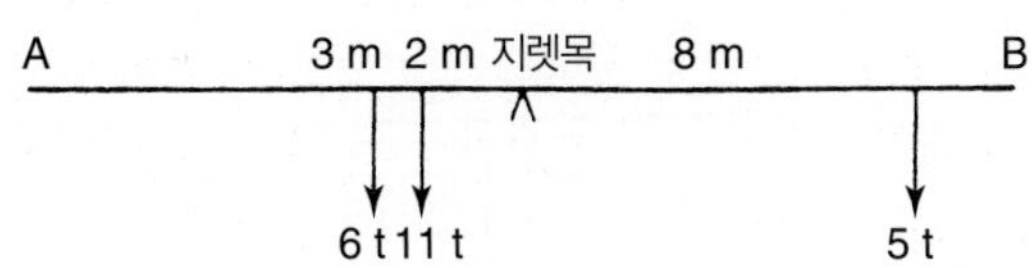

그림 1.12

발생된 모멘트 하나하나가 중요하다는 것을 분명히 이해해야 하는 데, 이 모멘트는 중량과 거리의 곱이다.

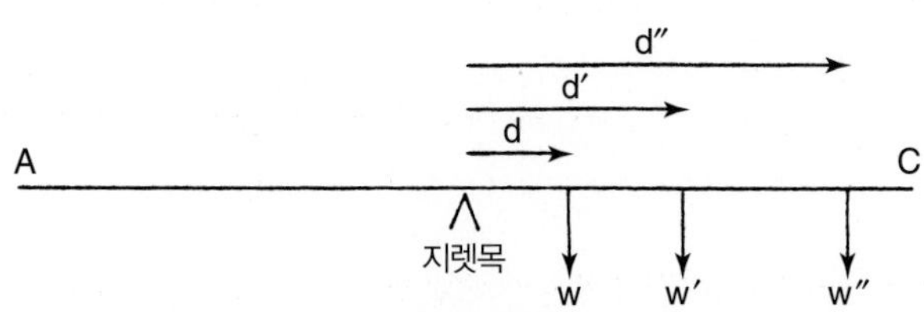

그림 1.13

이제 무질량 보 AC에 F 점으로부터 각각 d, d′, 그리고 d″ 떨어진 지점에 중량 w, w′ 및 w″를 놓는다. 보의 균형을 유지하기 위해서는 F점을 중심으로 반대편에 각각 동일한 중량을 놓든지, w, w′, w″ 중량의 합과 같은 중량 W를 F로부터 D만큼 떨어진 거리의 지점에 놓는다.

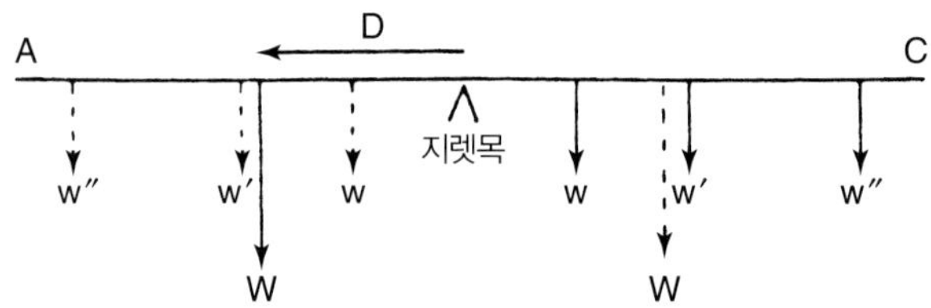

그림 1.14

W는 w, w′, w″를 대체하기 때문에 W가 놓이는 지점은 중량 w, w′, w″의 무게중심이 된다.

거리 D를 구하기 위해서는 받침점 F의 양쪽에서 발생한 모멘트를 등치시킨다. 즉,

$$W \times D = (w \times d) + (w' \times d') + (w'' \times d'')$$

$$\text{그러면 } D = \frac{(w \times d) + (w' \times d') + (w'' \times d'')}{W}$$

위의 관계를 일반적인 표현을 사용하여 표시하면,

$$\frac{\text{모멘트가 취해지는 받침점으로부터의}}{} \quad \text{받침점에 대한 각각의 모멘트의 합} = \frac{\text{여러 중량들의 무게중심의 거리}}{\text{중량의 합}}$$

모멘트는 편리한 임의의 '기준점(datum point)'에 대하여 취할 수 있다는 사실을 이해해야 한다. 선박에서는 통상적으로 선저용골(keel) 또는 G의 수직 위치를 고려할 때는 선체 중력중심(무게 중심)에 대하여 모멘트를 취한다. G의 횡방향 위치를 고려할 때는 모멘트를 선체중심선(centerline) 또는 선체무게중심에 대하여 모멘트를 취한다. 이들에 대한 계산 예시는 4장(66페이지 및 69 페이지)에 있다.

위에서 요약한 바와 같은 동일한 원리를 사용하여 면적의 중심 (2차원 중심)이나 체적의 중심(3차원 중심)을 계산할 수 있다. 2장의 25페이지와 28 페이지를 참고하라. 굽힘 모멘트(bending moments)에 대하여는 3장의 37 페이지를 참고하라. 트림 모멘트에 대하여는 5장의 90 페이지를 참고하라.

CHAPTER 02

심프슨 법칙 – 구적법

Simpson's Rules – Quadrature

선박 복원성의 계산에서 핵심적 사항은 선저 기선에서 형깊이의 85% 사이에서의 특정 흘수에서의 수선면적을 아는 것이다.

이 수선면적을 계산하는 방법은 여러가지가 존재하는 데, 이들 계산 방법 중에서 사다리꼴 법칙(Trapezoidal Rule)과 심프슨 법칙(Simpson's Rules)이 있다. 사다리꼴 법칙에서는 경계가 되는 곡선은 일련의 직선으로 구성되어 있다고 가정할 수 있으며, 수선면은 수 많은 사다리꼴(한쌍의 반대면이 평행한 사각형)으로 나눌 수 있다고 가정한다. 반면에 심프슨 법칙에서는 어떤 면적을 둘러싸고 있는 곡선을 포물선(parabolic)이라고 가정한다. 심프슨 법칙을 사용하면 해석학(calculus)을 이용하지 않고도 곡선 형상의 면적을 계산할 수 있다.

수선면은 선체중심선에 대하여 대칭이므로, 면적의 반만을 고려하면 편리하다. ℄은 선체중심선을 표시한다.

그림 2.1에는 같은 거리의 간격으로 구성된 준 종좌표 (y, y_1, y_2 등)와 함께 수선면적의 절반을 나타내었다. 이 등거리는 공통간격 (h 또는 CI)으로 알려져 있다.

$$\text{사다리꼴 법칙에 의한 면적 계산} = h \times \left(\frac{y + y_6}{2} + y_1 + y_2 + y_3 + y_4 + y_5\right)$$

일반적인 용어로 면적은 다음과 같이 표현된다:

$$\left(\frac{\text{양 끝단 종좌표의 합}}{2} + \text{나머지 종좌표들의 합}\right) \times \text{공통간격}$$

형성된 사다리꼴의 개수가 많을수록, 즉 공통간격의 크기가 작을수록 면적 계산의 정확도가 증가하게 됨을 주목해야 한다. 사다리꼴 형상의 변화가 급격한 곳(예를 들어 양 끝단)에서는 공통간격을 1/2 또는 1/4로 줄일 수도 있다. 영국 조선소에서는 심프슨 법칙을 이용한다. 심프슨 법칙은 아주 쉽게 컴퓨터 프로그램이나 패키지로 활용할 수 있다.

해기사 시험요목에서는 특별히 심프슨 법칙을 지목하고 있으므로 학생들은 사다리꼴 법칙보다는 심프슨 법칙을 주의깊게 학습할 것을 권유한다.

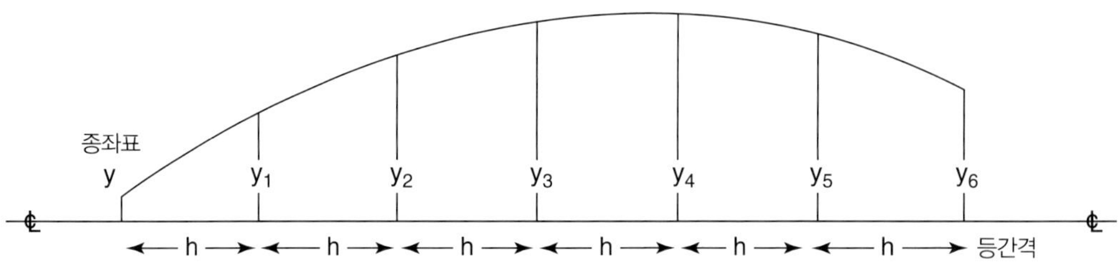

그림 2.1 ▸ 선박계산에서는 이들 준 종좌표는 반(1/2) 종좌표 또는 오프셋으로도 알려져 있다.

심프슨 제 1법칙

제 1법칙은 간격의 개수를 2로 나눌 수 있을 때 사용한다. 승수(곱할 때의 계수)는 1 4 1인데, 간격의 각수가 두 개 이상일 때는 1 4 2 4 2…4 1로 된다. 이를 설명하면 아래와 같다.

사용방법

각각의 종좌표에 적절한 승수를 곱한다. 그러면 면적에 대한 곱(또는 함수)이 얻어진다. 이들 곱을 합산하고 그 합산에 공통간격의 1/3을 곱하면 면적이 구해진다.

$$\text{즉, 면적} = \frac{1}{3}\,h \times \left(y + 4y_1 + 2y_2 + 4y_3 + 2y_4 + 4y_5 + 2y_6 + 4y_7 + y_8\right)$$

어떻게 첫번째 승수와 마지막 승수가 1이 되는 지를 주목하라.

심프슨 제 2법칙

제 2법칙은 간격의 개수를 3으로 나눌 수 있을 때 사용한다. 승수는 1 3 3 1인 데, 3개 이상의 간격이 있을 때는 1 3 3 2 3 3 2…3 3 1로 된다. 이를 설명하면 다음과 같다.

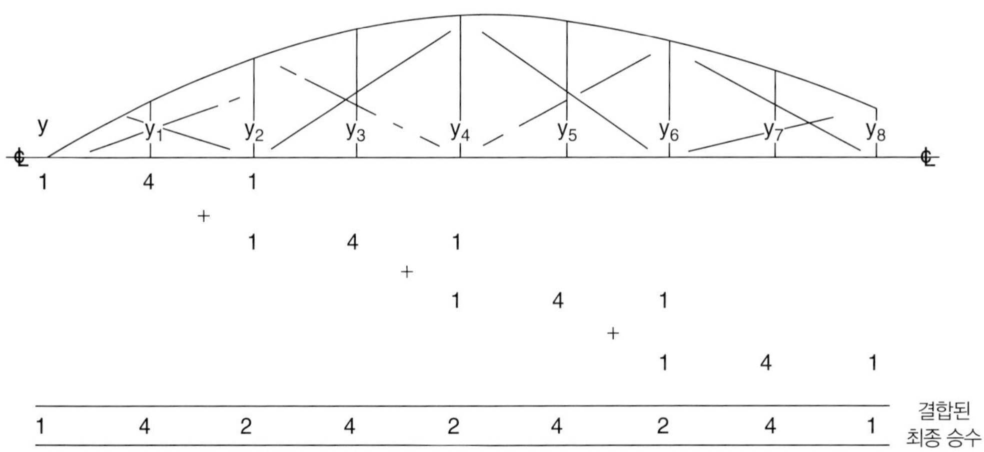

그림 2.2

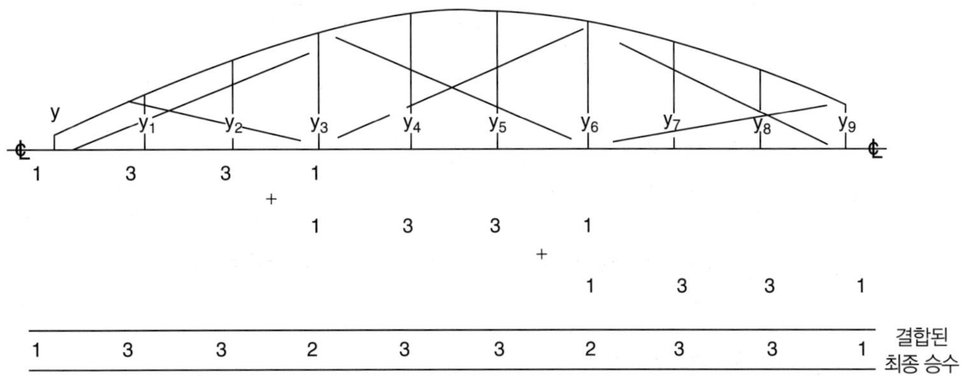

그림 2.3 ▶ 첫번째와 마지막 승수가 어떻게 1이 되는 지를 주목하라.

사용방법

각각의 종좌표에 적절한 승수를 곱하여 면적에 대한 곱을 구한다. 이들 곱을 합산하고 그 합에 공통간격의 3/8을 곱하면 면적이 구해진다.

$$\text{즉, 면적} = \tfrac{3}{8} \times h(y + 3y_1 + 3y_2 + 2y_3 + 3y_4 + 3y_5 + 2y_6 + 3y_7 + 3y_8 + y_9)$$

심프슨 제 3법칙

흔히 5, 8, −1 법칙으로 알려져 있다.

세 개의 종좌표가 연속으로 주어졌을 때 어느 두 인접 종좌표의 면적을 구해야할 때 사용된다. 승수는 5, 8, −1이다.

$$\text{면적 ABCD} = 1/12h \times (5y + 8y_1 - y_2)$$

$$\text{면적 CDEF} = 1/12h \times (5y_2 + 8y_1 - y)$$

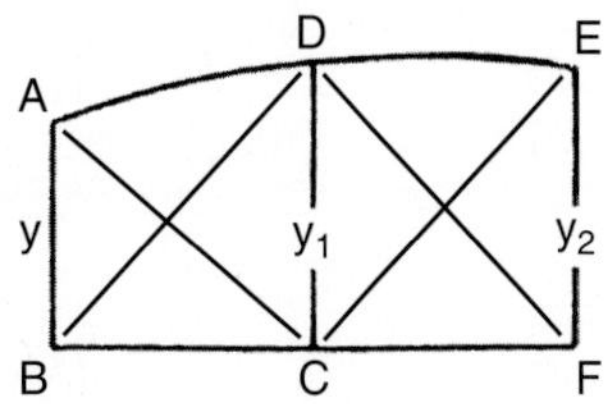

그림 2.4

앞의 두 면적을 더할 경우 약간 상이한 형태의 제 1법칙을 얻을 수 있다는 것을 알게 될 것이다. 예제 12를 참고하라.

지금까지는 면적의 계산에 대해서만 언급을 했는 데, 심프슨 법칙은 부피의 계산에도 사영할 수 있다. 부피의 계산을 위해서는 일련의 주어진 면적들에 대해 법칙을 적용하면 된다. 이에 관한 예제를 예시할 것이다.

종종 제 1법칙을 사용하거나 제 2법칙을 사용해도 되는 계산이 가능한 경우가 있는 데, 이런 상황에서는 주로 제 1법칙을 사용한다.

그 어떤 법칙도 적용이 불가한 경우에는 법칙들을 조합하여 사용해야 하는 경우도 있는 데, 이에 관하여는 예제 17을 참조하라.

예제 11

어떤 초대형 유조선에 대하여, 만재 흘수에서 간격을 4.5 m로 하여 수선면에 대한 1/2 종좌표의 값은 각각 0, 9.0, 18.1, 23.6, 25.9, 26.2, 22.5, 15.7, 그리고 7.2 m이다. 수선면적(WPA)과 해수에서의 선체 1 cm 침하 시 배수톤수(TPC)를 계산하라.

1/2 종좌표	*승수*	*면적함수*
0	1	0
9.0	4	36.0
18.1	2	36.2
23.6	4	94.4
25.9	2	51.8
26.2	4	104.8
22.5	2	45.0
15.7	4	62.8
7.2	1	7.2
		$438.2 = \sum_1$

$\sum = $ '합'

$$\text{WPA} = \frac{1}{3} \times h \times \sum\nolimits_1 \times 2 \text{ (수선면의 양면에 대하여)}$$

$$= \frac{1}{3} \times 45 \times 438.2 \times 2$$

$$\therefore \text{WPA} = 13\,146\,\text{m}^2.$$

$$\text{TPC}_{\text{sw}} = \frac{\text{WPA}}{100} \times \rho_{\text{sw}}$$

$$= \frac{13\,146}{100} \times 1.025$$

$$\therefore \text{TPC}_{\text{sw}} = 134.75.$$

예제 12

간격이 24 m인 곡선도형의 1/2 종좌표가 18.1, 23.6 및 25.9 m이다. 다음을 계산하라.

(a) 첫 번째 및 두 번째 1/2 종좌표로 둘러싸인 면적

(b) 두 번째 및 세 번째 1/2 종좌표로 둘러싸인 면적

(c) 위의 두 해답이 맞는지를 심프슨 제 1법칙을 이용하여 확인하라.

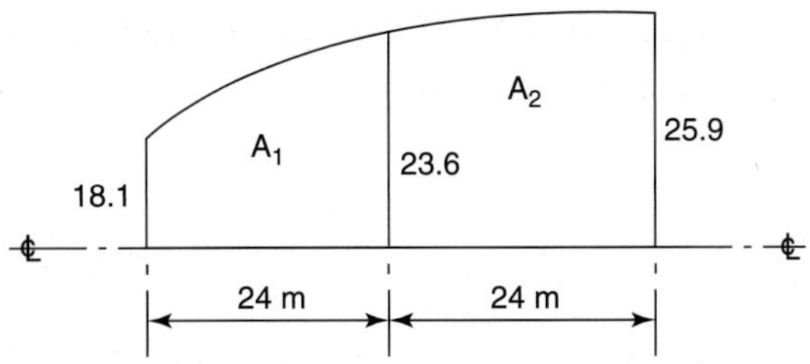

그림 2.5

풀이

(a)

1/2 종좌표	*승수*	*면적함수*
18.1	5	90.5
23.6	8	188.8
25.9	−1	−25.9
		$253.4 = \sum_3$

$$A_1 = 1/12 \times \textstyle\sum_3 \times h \times 2$$
$$A_1 = 1/12 \times 2534 \times 24 \times 2$$
$$\therefore\ A_1 = 1013.6\,m^2$$

(b)

1/2 종좌표	*승수*	*면적함수*
18.1	−1	−18.1
23.6	8	188.8
25.9	5	129.5
		$300.2 = \sum_3$

$$A_2 = 1/12 \times \textstyle\sum_3 \times h \times 2$$
$$A_2 = 1/12 \times 300.2 \times 24 \times 2$$
$$\therefore\ A_2 = 1200.8\,m^2$$

$$\therefore\ A_1 + A_2 = 1013.6 + 1200.8 = 2214.4\,m^2 = A_3.$$

(c)

1/2 종좌표	*승수*	*면적함수*
18.1	1	18.1
23.6	4	94.4
25.9	1	25.9
		$138.4 = \sum_1$

$$A_3 = 1/3 \times \textstyle\sum_1 \times h \times 2$$
$$A_3 = 1/3 \times 138.4 \times 24 \times 2$$
$$A_3 = 2214.4\,m^2$$

이 (c)의 계산 결과는 정확히 (a)와 (b)의 계산 결과의 합과 같다는 것이 확인되었다.

예제 13

길이가 270 m 및 폭이 35.5 m인 물체의 수선면이 다음과 같은 등간격에 대한 반폭 좌표를 가진다: 각각의 등간격에 대한 반폭 = 0.3, 13.5, 27.0, 34.2, 35.5, 35.5, 35.5, 32.0, 23.1 그리고 7.4 m.

이에 대하여 심프슨 제 2법칙을 이용하여 수선면적(WPA), 수선면적계수 그리고 담수에서의 TPC를 계산하라.

종좌표	승수	면적함수
0.3	1	0.3
13.5	3	40.5
27.0	3	81.0
34.2	2	68.4
35.5	3	106.5
35.5	3	106.5
35.5	2	71.0
32.0	3	96.0
23.1	3	69.3
7.4	1	7.4
		$646.9 = \sum_2$

$\sum =$ '합'

$$\text{WPA} = 3/8 \times \textstyle\sum_2 \times h$$

$$h = \frac{270}{9} = 30\,\text{m}$$

$$\text{WPA} = 3/8 \times 646.9 \times 30 = 7278\,\text{m}^2$$

$$C_w = \frac{\text{WPA}}{L \times B} = \frac{7278}{270 \times 35.5} = 0.759$$

$$\text{TPC in fresh water} = \frac{\text{WPA}}{100} \times 1.000$$

$$\text{TPC}_{\text{FW}} = \frac{7278}{100} = 72.78.$$

'면적을 구하기 위한 곱(products of area)'은 편리한 지점(통상적으로 끝단이나 중간 종좌표)으로 부터의 각각의 거리로 곱해진다. 또는 두 종좌표 사이의 면적에 대한 중심점이 요구될 경우에는 특별한 규칙이 사용된다(27쪽과 28쪽의 계산 및 공식 참조). 그렇게 구해진 '모멘트를 구하기 위한 곱'의 합을 '면적을 구하기 위한 곱'의 합으로 나누면 기하학적 중심(이 기하학적 중심은 '도심'이라고도 한다: 역자 주)과 선정한 지점으로부터의 거리가 구해진다.

아래에 보인 다이어그램에서는 모멘트를 끝단의 종좌표에 대하여 취하는 것으로 가정했다. '모멘트를 구하기 위한 곱'을 얻기 위해서는 이 끝단 종좌표의 '면적을 구하기 위한 곱'에 (0 × h)를 곱하게 된다.

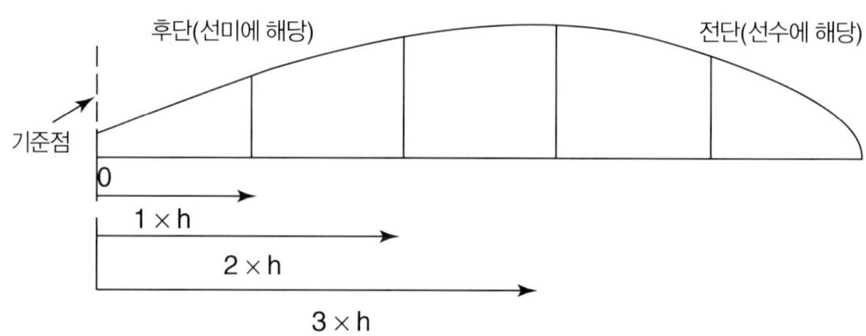

그림 2.6

그 다음에 연속적으로 이어지는 '면적을 구하기 위한 곱'들의 기준점으로부터의 거리는 $(1 \times h)$, $(2 \times h)$, $(3 \times h)$ 등이 될 것이다. 여기에서 'h'는 공통 인자인 데, 대수식의 계산를 쉽게 하기 위해 모든 거리를 이 공통인자로 나누면 레버 0, 1, 2, 3 등을 표시할 수 있을 것이다.

예제 14

어떤 선박의 수선면의 1/2 종좌표를 선수에서부터 시작하여 36 m의 간격으로 나타내면 각각의 값은 1.3, 11.2, 16.3, 17.5, 14.4 및 3.0 m이다. 종방향 도심 즉, LCF를 계산하라.

(a) 선수 끝단으로부터의 LCF 위치
(b) 선체 중앙으로부터의 LCF 위치

(a), (b) 모두 심프슨 제1 법칙을 이용하라.

풀이

(a)

	1/2 종좌표	승수	면적 함수	레버	모멘트 함수
기준	1.3	1	1.3	0	0
	11.2	4	44.8	1	44.8
	16.3	2	32.6	2	65.2
⊠	17.5	4	70.0	3	210.0
	14.4	2	28.8	4	115.2
	8.7	4	34.8	5	174.0
선미	3.0	1	3.0	6	18.0
			$215.3 = \sum_1$		$627.2 = \sum_2$

$$\text{선수 끝단으로부터의 LCF} = \frac{\sum_2}{\sum_1} \times h = \frac{627.2}{215.3} \times 36$$

$= 104.87$ m (중앙으로부터 3.13 m 전방과 동일함)

(b)

	1/2 종좌표	*승수*	*면적 함수*	*레버*	*모멘트 함수*
선수	1.3	1	1.3	+3	3.9
	11.2	4	44.8	+2	89.6
	16.3	2	32.6	+1	32.6
기준	17.5	4	70.0	0	0
	14.4	2	28.8	−1	−28.8
	8.7	4	34.8	−2	−69.6
선미	3.0	1	3.0	−3	−9.0
			$215.3 = \sum_1$		$-18.7 = \sum_2$ (즉 전방)

$$\text{선체 중앙으로부터의 LCF} = \frac{\sum_2}{\sum_1} \times h = \frac{-18.7}{215.3} \times 36$$

$$LCF = -3.13 \text{ m},$$

또는 중앙의 전방으로 3.13 m (이것은 (a)의 해답과 동일)

주의: 14(b)에서 기준점 후방의 레버는 양(+)의 값이며 후방에서의 레버의 값은 음(−)의 값을 가짐.

한 개의 추가적인 종좌표 값을 알면 심프슨 제 3법칙을 이용하여 인접한 두 종좌표로 이루어진 면적의 도심을 계산할 수 있다. 이 경우 면적의 모멘트를 구하기 위해 승수 3, 10, 그리고 −1이 사용된다.

사용 예: 심프슨 제 3법칙을 사용하여 세 개의 종좌표로 구성된 면적을 구하려면 그림 2.7을 참조하여 다음과 같이 계산한다.

구성되는 면적의 끝단 종좌표에 3을 곱하고, 중간 종좌표에 10을 곱한 후, 나머지 종좌표를 뺀 후의 계산 결과에 공통 간격의 제곱값의 $\frac{1}{24}$을 곱한다.

그러므로, 1/2 종좌표 y, y_1, 및 y_2가 주어지면,

$$\text{ABCD의 모멘트} = \frac{h^2}{24}(3y + 10y_1 - y_2) \times 2$$

P로부터 PQ에 놓인 도심 CG의 거리 = x

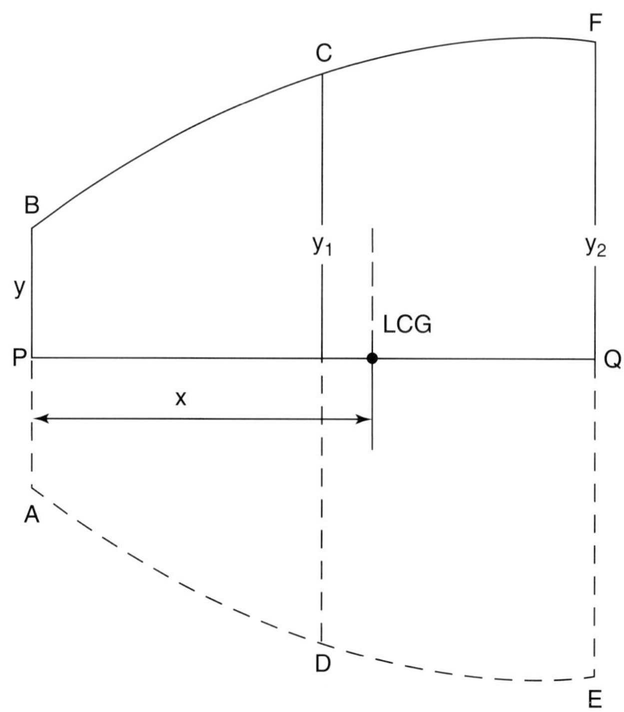

그림 2.7

$$x = \frac{\text{모멘트}}{\text{면적}} = \frac{\sum_M}{\sum_A} \times \frac{h}{2}$$

같은 방식으로:

$$\text{CDEF의 모멘트} = \frac{h^2}{24}(3y_2 + 10y_1 - y) \times 2$$

Q로부터 QP에 놓인 도심 CG의 거리:

$$LCG = \frac{\text{모멘트}}{\text{면적}}$$

$$LCG = \frac{h^2/24 \times \sum_M \times 2}{1/12 \times h \times \sum_A \times 2}$$

$$\therefore\ LCG = \frac{\sum_M}{\sum_A} \times \frac{h}{2}\ \text{from Q}$$

예제 15에서는 이용할 방법을 보야 준다. $\sum$ = '합'

예제 15

좌표 간의 간격이 20 m인 1/2 종좌표 값이 7.7, 12.5 및 17.3 m이다. 각각의 좌표 사이의 면적과 각각의 면적의 종방향 도심(longitudinal position of geometrical center)을 계산하라.

첫 번째와 두 번째 종좌표 사이의 면적

1/2 종좌표	*승수*	*면적 함수*
7.7	5	38.5
12.5	8	100.0
17.3	−1	−17.3
		$121.2 = \sum_A$

두 번째와 세 번째 종좌표 사이의 면적

1/2 종좌표	*승수*	*면적 함수*
7.7	−1	−7.7
12.5	8	100.0
17.3	5	86.5
		$178.8 = \sum_A$

$$A_1 = 1/12 \times \sum_A \times h \times 2$$

$$A_1 = 1/12 \times 121.2 \times 20 \times 2$$

$$A_1 = 404\ m^2$$

$$A_2 = 1/12 \times \sum_A \times h \times 2$$

$$A_2 = 1/12 \times 178.8 \times 20 \times 2$$

$$A_2 = 596\ m^2$$

도심(geometrical centers)의 계산

1/2 종좌표	*승수*	*모멘트 함수*
7.7	3	23.1
12.5	10	125.0
17.3	−1	−17.3
		$130.8 = \sum_M$

1/2 종좌표	*승수*	*모멘트 함수*
7.7	−1	−7.7
12.5	10	125.0
17.3	3	51.9
		$169.2 = \sum_M$

7.7 종좌표로부터의 도심까지의 거리

$$= \frac{\sum_M}{\sum_A} \times \frac{h}{2}$$

$$= \frac{130.8}{121.2} \times \frac{20}{2}$$

$$= 10.792\ \text{m}$$

17.3. 종좌표로부터의 도심까지의 거리

$$= \frac{\sum_M}{\sum_A} \times \frac{h}{2}$$

$$= \frac{169.2}{178.8} \times \frac{20}{2}$$

$$= 9.463\ \text{m}$$

예제 16

길이 400 m인 어떤 선박의 수면 아래 등간격 수직면의 면적은 다음과 같다.

30, 226.4, 487.8, 731.6, 883.0, 825.5, 587.2, 262.1 및 39.8 제곱미터.

첫 번째 수직면적(단면적)이 선수 끝단에 위치한다고 할 때 이 선박의 해수 중에서의 배수량과 선체 중앙부로부터의 종방향 부심(longitudinal center of buoyancy) 위치를 계산하라.

	단면번호	*면적*	*승수*	*용적 함수*	*레버*	*모멘트 함수*
선수	1	30	1	30.0	−4	−120.0
	2	226.4	4	905.6	−3	−2716.8
	3	487.8	2	975.6	−2	−1951.2
	4	731.6	4	2926.4	−1	−2926.4
중앙부	5	883.0	2	1766.0	0	0
	6	825.5	4	3302.0	+1	+3302.0
	7	587.2	2	1174.4	+2	+2348.8
	8	262.1	4	1048.4	+3	+3145.2
선미	9	39.8	1	39.8	+4	+159.2
				$12\,168.2 = \sum_1$		$+1240.8 = \sum_2$
$\sum$ = '합'						(즉, 선미부)

$$\text{배수량} = \frac{1}{3} \times \sum_1 \times h \times \rho_{SW} \qquad h = \frac{400}{8} = 50\ \text{m}$$

$$= \tfrac{1}{3} \times 12\,168.2 \times 50 \times 1.025$$

$$\text{배수량} = 207\,873\ \text{톤}$$

$$\text{LCB} = \frac{\sum_2}{\sum_1} \times h$$

$$= \frac{+1240.8}{12\,168.2} \times 50$$

LCB = +5.10 m, 즉 중앙부에서 선미 쪽으로 5.10 m

예제 17

어떤 선박의 배수량 등 계산표(hydrostatic table)로부터 다음의 값을 얻었다:

흘수	7 m	8 m	9 m	10 m	11 m	12 m	13 m	14 m
센티미터 당 배수톤수(TCP)	43.1	43.6	44.1	44.6	45.0	45.4	45.8	46.2

7 m 흘수에서의 배수량은 15000이다. 7 m 흘수에의 KB가 3.75 m라면 14 m 흘수에서의 배수량과 수직 방향 부심(VCB)을 계산하라.

흘수	*TPC*	*승수*		*용적 함수*		*레버*		*모멘트 함수*	
14	46.2	1		46.2		4		184.8	
13	45.8	4		183.2		3		549.6	
12	45.4	2		90.8		2		181.6	
11	45.0	4		180.0		1		180.0	
10	44.6	1	1	44.6	44.6	0	3	0	133.8
9	44.1		3		132.3		2		264.6
8	43.6		3		130.8		1		130.8
7	43.1		1		43.1		0		0
				$544.8 = \sum_1$	$350.8 = \sum_2$			$1096.0 = \sum_3$	$529.2 = \sum_4$

$\sum$ = '합'

$$10\text{ m에서 }14\text{ m 까지의 배수량} = \frac{1}{3} \times \textstyle\sum_1 \times h \times 100$$

$$= \tfrac{1}{3} \times 544.8 \times 1 \times 100 = 18\,160\text{ 톤}$$

$$7\text{ m에서 }10\text{ m 까지의 배수량} = \frac{3}{8} \times \textstyle\sum_2 \times h \times 100$$

$$= \tfrac{3}{8} \times 350.8 \times 1 \times 100 = 13\,155\text{ 톤}$$

$$14\text{ m 까지의 배수량} = 18160 + 13155 + \text{부가적 }15000\text{톤} = 46315\text{톤}$$

$$TPC = \frac{1.025 \times A}{100} \qquad \therefore\ A = \frac{100 \times TPC}{1.025}$$

그리고 $W = \text{Vol of } \Delta' t \times 1.025$, 여기에서 $\Delta' t$ = 배수량

∴ 밀도값 1.025는 맨 위 부분와 바닥을 상쇄하므로 필요한 것은 다음과 같이 *승수 100*을 이용하는 것이다.

$$\text{위 부분에 대하여, 기준 10 m 상부의 VCB} = \frac{\sum_3}{\sum_1} \times h = \frac{1096.0 \times 1}{544.8} = 2.0117\,m$$
$$= 12.0117\,m\ (\text{킬 위쪽}).$$

$$\text{아래 부분에 대하여, 기준 7 m 상부의 VCB} = \frac{\sum_4}{\sum_2} \times h = \frac{529.2 \times 1}{350.8} = 1.5086\,m$$
$$= 8.5086\,m\ (\text{킬 위쪽}).$$

이제 모멘트 계산표를 이용하여 요약해 보자.

항목	*배수량*		*중량 모멘트*
Upper portion	18 160	12.0117	218 312
Lower portion	13 155	8.5086	111 931
Appendage	15 000	3.7500	56 250
	$46\,315 = \sum_5$		$386\,313 = \sum_6$

총 배수량 $= \sum_5 = 46315$ 톤

$$KB = \frac{\sum_6}{\sum_5} = \frac{386\,313}{46\,315}$$
$$= 8.34\,m$$

그러므로 VCB = 8.34 m인데, 이것은 선체 바닥으로부터의 거리이며 심프슨 법칙으로 구한 값이다.

모리쉬 공식으로 검증해 보면:

$$KB = d - \frac{1}{3}\left(\frac{d}{2} + \frac{V}{A}\right)$$
$$KB = 14 - \frac{1}{3}\left(\frac{14}{2} + \frac{46\,315}{1.025} \times \frac{1.025}{46.2 \times 100}\right)$$

∴ KB = 8.33 m인데, 이것은 앞에서 구한 값에 매우 근사하다!!

예제 18

아래의 선박 정보로부터 이 선박의 재화중량, 만재 시 배수량 및 C_D 계수를 계산하라.

경하 흘수	8 m,	WPA = 9750 m^2.
중간 정도의 평형수 적재 시 흘수	10 m,	WPA = 11 278 m^2.
평형수 대량 적재 시 흘수	12 m,	WPA = 12 600 m^2.
만재 시 흘수	14 m,	WPA = 13 925 m^2.

8 m 흘수에서의 경하 중량은 18231톤

수선면적	승수	용적함수
9 750	1	9 750
11 278	3	33 834
12 600	3	37 800
13 925	1	13 925
		$95\,309 = \sum_2$
$\sum$ = '합'		$\Delta' t$ = 배수톤수

8 m와 14 m 사이의 배수용적 = V_1이라 하자.

$$\therefore\ V_1 = \frac{3}{8} \times \sum_2 \times h$$

$$\therefore\ V_1 = \frac{3}{8} \times 95\,309 \times 2$$

$$\therefore\ V_1 = 71\,482\ m^3$$

$$\therefore\ DWT = V_1 \times \rho_{SW}$$

$$= 71\,482 \times 1.025 \text{ 톤}$$

$$\therefore\ DWT = 73\,269 \text{ 톤}$$

$$+ \text{ 경하중량 (주어짐)} = +18\,231 \text{ 톤}$$

$$\text{만재상태 배수량} = 91\,500 \text{ 톤}$$

$$C_D = \frac{DWT}{\Delta' t} = \frac{73\,269}{91\,500} = 0.801.$$

DWT = 73269 t, 만재 배수량 = 91500 t, 및 CD = 0.801.

재분할 공통간격(SUB–DIVIDED COMMON INTERVALS)

예제 19

어떤 선박의 상갑판의 1/2 종좌표는 다음과 같다.

스테이션	6	7	8	$8\frac{1}{2}$	9	$9\frac{1}{4}$	$9\frac{1}{2}$	$9\frac{3}{4}$	10
1/2 종좌표 (m)	8.61	8.01	7.02	6.32	5.32	4.74	3.84	2.72	0

이 선박의 길이(LBP)가 120 m라면, 6번 스테이션 전방부 갑판의 면적과 LCG를 계산하라.

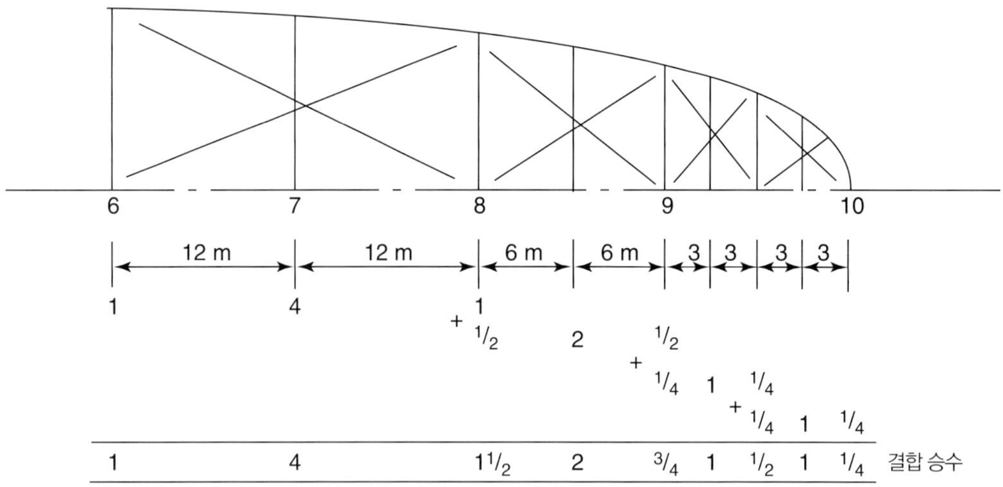

그림 2.8

스테이션	*1/2종좌표*	*승수*	*면적함수*	STN *6에서의 레버*	*모멘트함수*
6	8.61	1	8.61	0	–
7	8.01	4	32.04	1	32.04
8	7.02	$1\frac{1}{2}$	10.53	2	21.06
$8\frac{1}{2}$	6.32	2	12.64	$2\frac{1}{2}$	31.60
9	5.32	$\frac{3}{4}$	3.99	3	11.97
$9\frac{1}{4}$	4.74	1	4.74	$3\frac{1}{4}$	15.41
$9\frac{1}{2}$	3.84	$\frac{1}{2}$	1.92	$3\frac{1}{2}$	6.72
$9\frac{3}{4}$	2.72	1	2.72	$3\frac{3}{4}$	9.18
10	0	$\frac{1}{4}$	–	4	–
			$77.19 = \sum_1$		$127.98 = \sum_2$

$\sum =$ '합'

$$h = \frac{LBP}{10} = \frac{120}{10} = 12\,m$$

$$면적 = \frac{1}{3} \times h \times \sum_1 \times 2 = \frac{1}{3} \times 12 \times 77.19 \times 2 = 617.5\,m^2.$$

$$스테이션\ 6번\ 전방부의\ LCG = \frac{\sum_2}{\sum_1} \times h = \frac{127.98}{77.19} \times 12 = 19.9\,m.$$

주의:

간격을 반으로 줄인다면 승수도 $\frac{1}{2}$, 2, $\frac{1}{2}$로 줄여서 사용해야 함.

간격을 $\frac{1}{4}$로 줄인다면 승수도 $\frac{1}{4}$, 1, $\frac{1}{4}$로 줄여서 사용해야 함.

최종 계산에서는 가장 큰 공통간격, 즉 12 m의 h를 이용하라.

$\frac{1}{2}$ 종좌표는 오프셋(offset)으로도 알려져 있음을 기억하라.

심프슨 법칙을 이용한 관성 모멘트(면적의 2차 모멘트) 계산

예제 20

어떤 선박에서 선미에서부터의 등간격 지점에 지점에 대한 수선면의 반 종좌표는 다음과 같다:

1.9, 5.3, 8.3, 9.8, 9.8, 8.3, 5.2, 1.3 및 0 m.

(a) 공통 간격이 15.9 m일 때, (i) 선체 중앙 (ii) 종방향 부심(center of flotation)에 대한 면적의 2차 모멘트 I_M와 I_{LCF}를 계산하라.

(b) 이 선박의 배수용적이 10000 m^3일 때의 종방향 BM을 추정하라.

스테이션	*1/2 종좌표*	*승수*	*면적함수*	*중앙에서 부터의 레버*	*모멘트 함수*	*레버*	*관성함수 ftn*
선미	1.9	1	1.9	+4	+7.6	+4	30.4
	5.3	4	21.2	+3	+63.6	+3	190.8
	8.3	2	18.6	+2	+37.2	+2	74.4
	9.8	4	19.6	+1	+19.6	+1	19.6
기준(중앙)	9.8	2	19.6	0	0	0	0
	8.3	4	33.2	−1	−33.2	−1	33.2
	5.2	2	10.4	−2	−21.8	−2	43.6
	1.3	4	5.2	−3	−15.6	−3	46.8
선미	0	1	0	−4	–	−4	–
			$129.7 = \sum_1$		$+57.4 = \sum_2$		$438.8 = \sum_3$

$\sum$ = '합'

$$\text{WPA} = \frac{1}{3} \times \sum_1 \times \text{CI} \times 2 = \frac{1}{3} \times 129.7 \times 15.9 \times 2 = 1375\,\text{m}^2.$$

$$\text{LCF} = \frac{\sum_2}{\sum_1} \times \text{CI} = \frac{57.4}{129.7} \times 15.9 = 7.04\,\text{m AFT of} ⊠.$$

$$I_{⊠} = \frac{1}{3} \times \sum_3 \times \text{CI}^3 \times 2 = \frac{1}{3} \times 438.8 \times 15.9^3 \times 2$$

$$\therefore I_{⊠} = 1\,175\,890\,\text{m}^4$$

$$-Ay^2 = -1375 \times 7.04^2 = \underline{\quad 68\,147\,\text{m}^4}$$

$$I_{LCF} = \underline{1\,107\,743\,\text{m}^4}$$

$$\text{BM}_L = \frac{I_{LCF}}{\text{Vol of}\Delta'\text{t}} = \frac{1\,107\,743}{10\,000} = 110.78\,\text{m}.$$

예제 20에서는 평행축 정리가 이용되었는 데, 이를 설명하면:

*응용역학*에서, $I_{NA} = I_{XX} - A_y{}^2$ ⋯ 평행축 정리

이를 *선박이론에 적용*하면, $I_{LCF} = I_M - WPA(LCF_M)^2$.

I_{NA}와 I_{LCF}는 계산하고자 하는 면적의 LCG에 대한 (종방향) 관성 모멘트를 나타낸다.

$$\begin{aligned} \text{그러므로 } I_{LCF} &= I_{\otimes} - 1375 \times 7.04^2 \\ &= 1\,175\,890 - 68\,147 \\ &= 1\,107\,743\ \text{m}^4 \end{aligned}$$

예제 21

(a) 앞의 문제에서 나온 수선면에 대하여 선체 중심선에 대한 관성 모멘트 $I_{\mathfrak{C}}$(면적의 2차 모멘트)를 계산하라.

(b) 배수용적이 10000 m^3일 경우 횡방향 BM의 값을 계산하라.

스테이션	*1/2 종좌표*	*(1/2종좌표)³*	*승수*	*중심선에 대한 관성모멘트 함수*
선미	1.9	7	1	7
	5.3	149	4	596
	8.3	572	2	1144
	9.8	941	4	3764
중앙	9.8	941	2	1882
	8.3	572	4	2288
	5.2	141	2	282
	1.3	2	4	8
선수	0	0	1	0
				$9971 = \sum_1$

$\sum$ = '합'

$$I_{\mathfrak{C}} = \frac{1}{9} \times \sum\nolimits_1 \times CI \times 2 = \frac{1}{9} \times 9971 \times 15.9 \times 2 = 35\,231\ \text{m}^4$$

$$BM_T = \frac{I_{\mathfrak{C}}}{V} = \frac{35\,231}{10\,000} = 3.52\ \text{m}.$$

주의: $I_{\mathfrak{C}}$이 I_{LCF} 보다 훨씬 작고 BM_T가 BM_L 보다 훨씬 *작은 값*을 가짐을 주목하라.

심프슨 법칙을 사용할 때, 가능한 계산절차는 다음과 같이 하라: 도형을 스케치하고, 표를 작성하고, 계산을 수행한다.

CHAPTER 03

보와 선박의 휨 변형

Bending of Beams and Ships

1장에서 선박이 물에 떠 있을 때의 총중량은 부력에 의한 상방향의 힘과 같다는 것을 알아 보았다. 그러나, 선박의 중량은 중심점을 통하여 연직 하방으로 작용하고 있는 것으로 간주되나, 이 총중량은 선박의 서로 다른 여러 부분들에 작용하는 개별적 중량으로 구성된다.

부력으로 인한 총 상방향 힘은 부력 중심(부심)을 통하여 연직 상방으로 작용하는 것으로 간주되나, 이 전체 상방향 힘은 선체의 외각 표면에 작용하는 무수한 개별적 상방향 힘으로 구성된다.

어떤 한 점에서 선박 중량으로 인한 아래쪽 방향의 힘과 부력으로 인한 위쪽 방향의 힘이 같지 않다면, 응력이 발생한다. 이들 응력은 전단력(shear forces)과 휨 모멘트(bending oments)로 표현할 수 있다. 이들 전단력과 휨 모멘트로 인한 영향에 대처하기 위한 조치는 개정 자매서인 *Ship Construction Sketches and Notes* (1997년 판)에서 자세히 설명되어 있다.

실제적으로 이들 선박의 전단력과 휨 모멘트를 구하는 것은 좀 복잡한 작업이지만, 그 이론은 보에 작용하는 전단력과 휨 모멘트의 이론과 유사하기에, 우선 보에 대한 이론을 먼저 다루기로 한다.

전단력(SHEAR FORCE)

보와 같은 한 단면이 하중을 받게 되면 그 단면의 일부분은 위로 치켜 밀어지고 다른 어떤 단면은 눌려져 아래로 밀린다. 이런 경향을 전단(shearing) 현상이라 한다. 어떤 한 점 또는 지점에서의 전단력은 그 점에서의 수직력이다. 어떤 지점에서의 전단력이란 그 지점의 왼쪽이나 오른쪽 면에 작용하는 총하중으로 정의할 수도 있다. 즉, 아래로 작용하는 힘과 위로 작용하는 힘의 차이로 정의되는 하중이다.

우선 단순 지지 보와 외팔보 구조물에 대한 보 이론을 살펴보자.

그림 3.1에 나타난 보가 정지 상태에 있고 양 끝단에서 지지를 받는다면, 상향으로 작용하는 총 힘(지지점에서의 반력)은 아래로 작용하는 힘(하중)과 같아야만 한다.

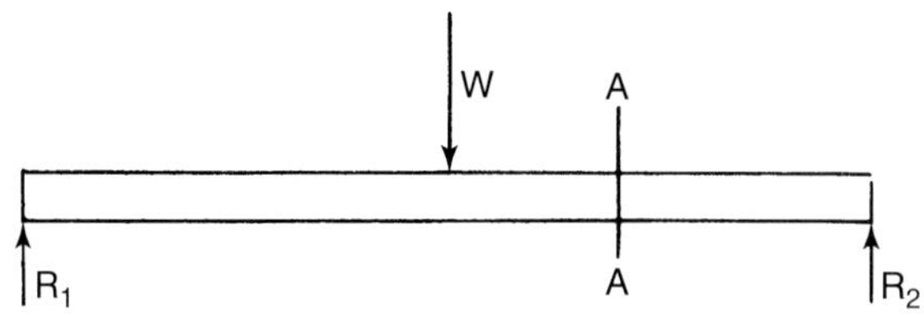

그림 3.1

$$R_1 + R_2 = W \quad (1)$$

선 AA의 왼쪽으로는 아래 방향 합력(resultant downward force) $W - R_1$이 존재한다.

선 AA의 오른쪽에는 위쪽으로 작용하는 힘 R_2가 존재한다.

AA를 따라 보의 임의의 한 점에는 전단력이 존재하게 되는 데, 이 전단력은 $W - R_1$이나 R_2가 된다.

위의 식 (1)에서 알 수 있듯이 이들 두 전단력은 동일한 크기이다.

휨 모멘트(Bending Moment)

위에서 학습한 보는 휘어지는 경향을 보이는 데, 이 휘어지는 경향은 휨 모멘트로 계측할 수 있다. 하중의 양뿐 아니라 그 하중이 어떤 방식으로 지지를 받으며 분포되는가에 따라 이 휨 모멘트의 크기가 결정된다. 휨 모멘트는 보통의 모멘트와 동일하게 계산된다. 즉, 힘에 거리를 곱하면 되는데, 그 단위는 중량-길이의 단위를 가진다. 전단력 계산의 경우와 마찬가지로 임의 지점에서의 휨 모멘트는 그 지점의 왼쪽이나 오른쪽에 대한 모멘트를 고려하여 구해진다.

앞으로 나올 페이지에서부터 나타나는 그림에서 전단력과 휨 모멘트는 다음에서 서술하는 부호 규칙에 따라 작성된다. '만일 아래쪽으로 작용하는 힘(중량에 의한 하중)이 음의 부호를 가진다고 하고 반력 또는 위로 작용하는 힘은 양이라 할 때 그 지점 왼쪽의 하중이 양의 전단력을 또는 그 지점 오른쪽의 하중은 음의 전단력이 발생하면, 전단력은 영의 선(zero line)에서 위쪽으로 측정된다. 만일 반대되는 부호가 발생하면 전단력은 영의 선에서 아래쪽으로 측정된다.' 점 X에 대하여 양의 전단력을 그림 3.2(a)에 나타내었다. '휨 모멘트도 이와 유사하게 양 또는 음의 모멘트가 되는데, 어떤 지점의 왼쪽 또는 오른쪽에 작용하는 하중이 영의 선 아래로 계측되면 양의 모멘트가 되고, 하중이 영의 선 위로 측정되면 양의 모멘트가 된다.' 양의 모멘트는 새깅(sagging) 현상을 발생시키는데, 그림 3.2(b)에 이를 나타내었다.

앞으로 전개될 이론에서는 한 점을 전단력이나 휨 모멘트의 추정이 필요한 어떤 지점의 왼쪽 또는 오른쪽으로 미소 거리에 존재하는 것으로 생각하면 편리할 것이다. 그런 위치를 아래 첨자 L이나 R로 표시할 것이다.

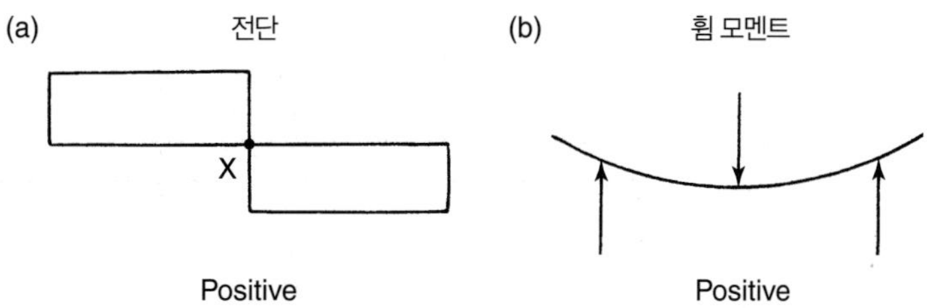

그림 3.2

양 끝단 지지 수평 보

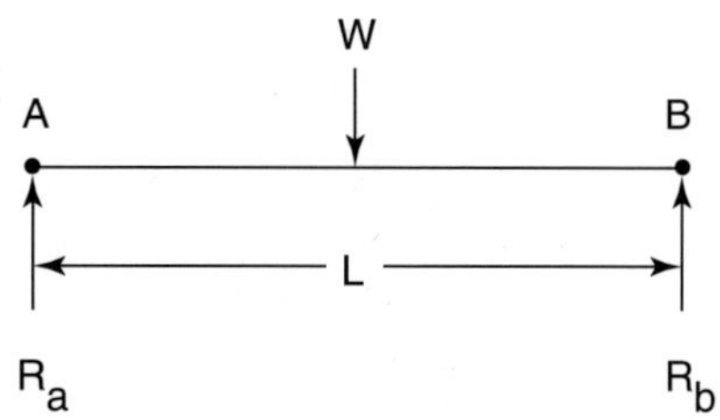

그림 3.3(a)

(a) 보는 무중량이며 중앙에 점 하중이 작용

정지 상태이면, $W = R_a + R_b$

R_a와 R_b를 구하려면,

A에 대하여 모멘트를 취한다.

반시계 회전방향 모멘트 = 시계 회전방향 모멘트

$$R_b \times L = W \times \frac{L}{2}$$

$$R_b = \frac{W}{2}$$

만일 회전점 B가 중량(하중)의 절반을 지지한다면 나머지는 A에서 지지되어야 한다.

그러므로 $R_a = \frac{W}{2}$

지점	*전단력*	*휨 모멘트*
A_R	R_a or $\frac{W}{2}$	0
1/4 L	R_a or $\frac{W}{2}$	$\frac{W}{2} \times \frac{L}{4} = \frac{WL}{8}$
$1/2\ L_L$	R_a or $\frac{W}{2}$	$\frac{W}{2} \times \frac{L}{2} = \frac{WL}{4}$
$1/2\ L_R$	$R_a - W = -\frac{W}{2}$	$\frac{W}{2} \times \frac{L}{2} = \frac{WL}{4}$

위에서 나타난 전단력과 휨 모멘트는 그 지점의 왼쪽에 작용하는 하중과 모멘트를 고려하여 구하였음을 유의해야 한다. 그 지점의 오른쪽에 작용하는 하중과 모멘트를 하더라도 똑 같은 결과를 얻을 수 있는 데, 이를 아래에 나타내었다. 전단력에서의 부호가 다르게 나타난 이유는 3장 첫부분에 있는 참고문헌에서 찾아볼 수 있다.

지점	전단력	휨 모멘트
A	$R_b - W = -\dfrac{W}{2}$	$\left(\dfrac{W}{2} \times L\right) - \left(W \times \dfrac{L}{2}\right) = 0$
1/4 L	$R_b - W = \dfrac{W}{2}$	$\left(\dfrac{W}{2} \times \dfrac{3L}{4}\right) - \left(W \times \dfrac{L}{4}\right) = \dfrac{WL}{8}$
1/2 L_L	$R_b - W = -\dfrac{W}{2}$	$\dfrac{W}{2} \times \dfrac{L}{2} = \dfrac{WL}{4}$
1/2 L_R	$R_b = \dfrac{W}{2}$	$\dfrac{W}{2} \times \dfrac{L}{2} = \dfrac{WL}{4}$

앞에서 서술한 이론에서 강조할 바는 어떤 임의점에서의 전단력은 그 임의점의 왼쪽이나 오른쪽에 대한 하중의 대수 합에 의해 구해진다는 것이다. 이와 마찬가지로 임의 지점에서의 휨 모멘트도 그 지점의 왼쪽 또는 오른쪽에 대한 모멘트의 대수 합이다.

3장 첫부분에 있는 부호 양식을 이용하여 전단력과 휨 모멘트를 아래와 같이 도식화할 수 있다.

주의: 바로앞의 2개의 표와 그림 3.3(b)은 어떤 점 까지의 전단력 곡선 아래의 면적은 그 점에서의 휨 모멘트와 같음을 보여 준다.

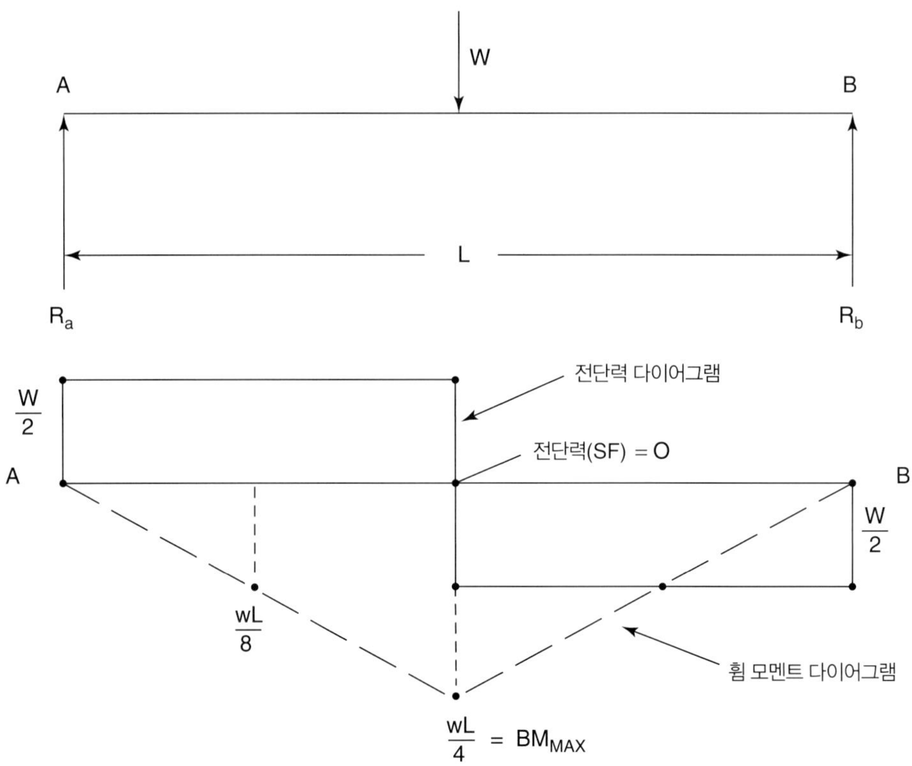

그림 3.3(b)

(b) 보는 무중량이며 균일 분포 하중이 작용. 이것은 중량이 보 전체에 균일하게 분포된 균일 단면 보와 정확히 같은 효과를 가진다. 그림 3.4(a)를 보라.

총하중이 W이고 길이가 L이면, 단위 길이당 중량 w는 $\frac{W}{L}$와 같다.

반력 $R_a = R_b = \frac{W}{2}$

지점	*전단력*	*휨 모멘트*
A_R	$R_a = \frac{W}{2}$	0
1/4 L	$R_a - \frac{wL}{4}$	$\frac{W}{2} \times \frac{L}{4} - \frac{wL}{4} \times \frac{L}{8}$
	or $\frac{W}{2} - \frac{W}{4} = \frac{W}{4}$	or $\frac{WL}{8} - \frac{WL}{32} = \frac{3WL}{32}$
1/2 L	$R_a - \frac{wL}{2}$	$\frac{W}{2} \times \frac{L}{2} - \frac{wL}{2} \times \frac{L}{4}$
	or $\frac{W}{2} - \frac{W}{2} = 0$	or $\frac{WL}{4} - \frac{WL}{8} = \frac{WL}{8}$
B	$R_a - wL$	$\frac{W}{2} \times L - wL \times \frac{L}{2}$
	or $\frac{W}{2} - W = \frac{W}{2}$	or $\frac{WL}{2} - \frac{WL}{2} = 0$

위의 계산식은 개별 지점의 왼쪽에 대한 하중과 모멘트를 고려하여 구하였다. 독자들에게 개별 지점의 오른쪽에 대한 하중과 모멘트를 고려해 볼 것을 제안한다. 그렇게 구한 전단력과 휨 모

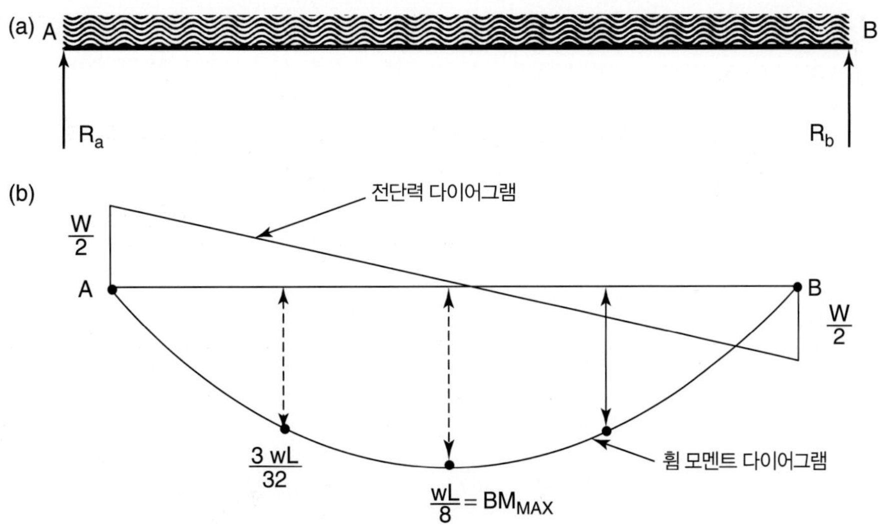

그림 3.4

멘트는 정확히 위에 나타난 것들과 같게 될 것이다.

그림 3.4(b)에 나타난 균일 하중 분포 보에 대한 전형적 전단력 및 휨 모멘트 다이어그램이다.

(c) 불균일 하중 분포 보

이 경우에는 하중 분포곡선을 그리는 데, 각 종좌표는 하중이 작용하는 보의 지점에서의 단위 길이당 평균하중을 대표한다. 앞서 서술한 일반적 원리에 따르면 보의 임의점에 작용하는 전단력은 그 점의 한쪽 부분에 작용하는 상방향 힘과 하중의 합이다. 보 임의점에서의 휨 모멘트는 그 점까지의 전단력 곡선의 면적을 알면 구할 수 있다. 예제 23에 선박에 대한 계산 방법을 예시하였다.

예제 22

균일보 AB는 길이가 6 m이고 3톤에 달하는 보의 자체 중량은 양 끝단에 의해 지지 받는다. 이 보에는 1톤과 2톤의 하중이 보의 한 쪽 끝단 A에서 2 m와 5 m 떨어진 두 지점에 가해지고 있다. 보의 A점에서 시작하여 1 m 씩 떨어진 지점에서의 전단력과 휨 모멘트를 계산하라. 최대전단력(SF_{MAX}), 최소전단력(SF_{MIN}), 그리고 최대 휨 모멘트(BM_{MAX})의 값은 얼마인가?

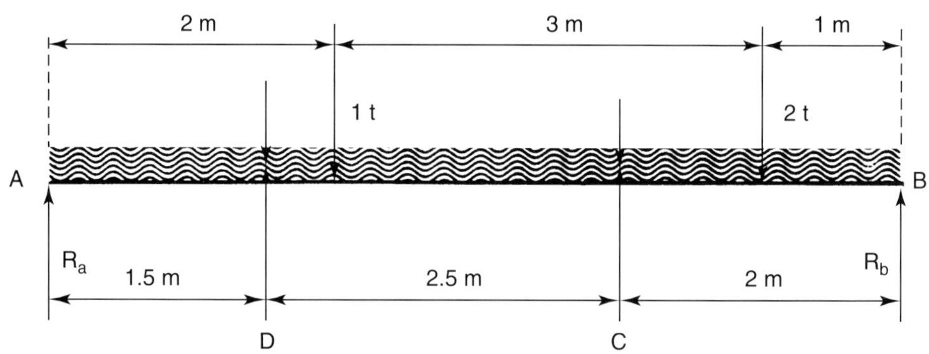

그림 3.5

보의 중량은 3톤, 즉 미터 당 0.5톤이다.

A와 B에서의 반력은:

반력이 보의 임의점에 대해 생겨나게 하는 총 모멘트

= 하중이 그 점에 대해 생겨나게 하는 총 모멘트

A에 대하여 모멘트를 취하면:

$$(R_a \times 0) + (R_b \times 6) = (3 \times 3) + (1 \times 2) + (2 \times 5) \quad \therefore\ 6 \cdot R_b = 21$$

$$\therefore\ R_b = \frac{21}{6} = 3.5\ \text{톤}$$
$$R_a + R_b = \underline{6.0\ \text{톤}}$$
$$R_a = \underline{2.5\ \text{톤}}$$

보 전체에 걸쳐 1 m 간격 지점에서의 전단력.

$$SF_0 = 0, \quad +2.5\,t$$
$$SF_1 = 2.5 - 0.5 = +2\,t$$
$$SF_2 = 2.5 - 1 = 1.5\,t, \quad 0.5\,t$$
$$SF_3 = 2.5 - 1.5 - 1 = 0\,t\ \text{(보의 중앙 지점)}$$
$$SF_4 = 0 - 0.5 = -0.5\,t$$
$$SF_5 = -0.5 - 0.5 = -1\,t, \quad -3\,t$$
$$SF_6 = 2.5 + 3.5 - 1 - 2 - 3 = 0, \quad -3.5\,t$$

휨 모멘트의 계산

$$BM_0 = 0\text{톤-미터}$$
$$BM_{(1/2)} = \left(\frac{2(1/2) + 2(1/4)}{2}\right) \times 1/2 = 1.1875\ \text{톤-미터}$$
$$BM_1 = \left(\frac{2.5 + 2}{2}\right) \times 1 = 2.25\ \text{톤-미터}$$
$$BM_2 = \left(\frac{2.5 + 1.5}{2}\right) \times 2 = 4\ \text{톤-미터}$$
$$BM_3 = 4 + \left(\frac{0.5 + 0}{2}\right) \times 1 = 4.25\ \text{톤-미터}$$
$$BM_4 = 4.25 - \left(\frac{0.5 + 0}{2}\right) \times 1 = 4\ \text{톤-미터}$$
$$BM_5 = 4.25 - \left(\frac{0 + 1}{2}\right) \times 2 = 3.25\ \text{톤-미터}$$
$$BM_{5(1/2)} = 0 - \left(\frac{3(1/4) + 3(1/2)}{2}\right) \times 1/2 = 1.6875\ \text{톤-미터}$$
$$BM_6 = 3.25 - \left(\frac{3 + 3.5}{2}\right) \times 1 = \text{zero 톤-미터}$$

그림 3.6은 6 m 보에 대해 위에서 계산한 전단력(SF)과 휨 모멘트(BM)의 값을 도식화한 것이다.

그림 3.6을 분석해 보면 다음 세 가지 특징을 알 수 있다:

(i) 최대 휨 모멘트는 보의 중앙 지점에서 발생한다.

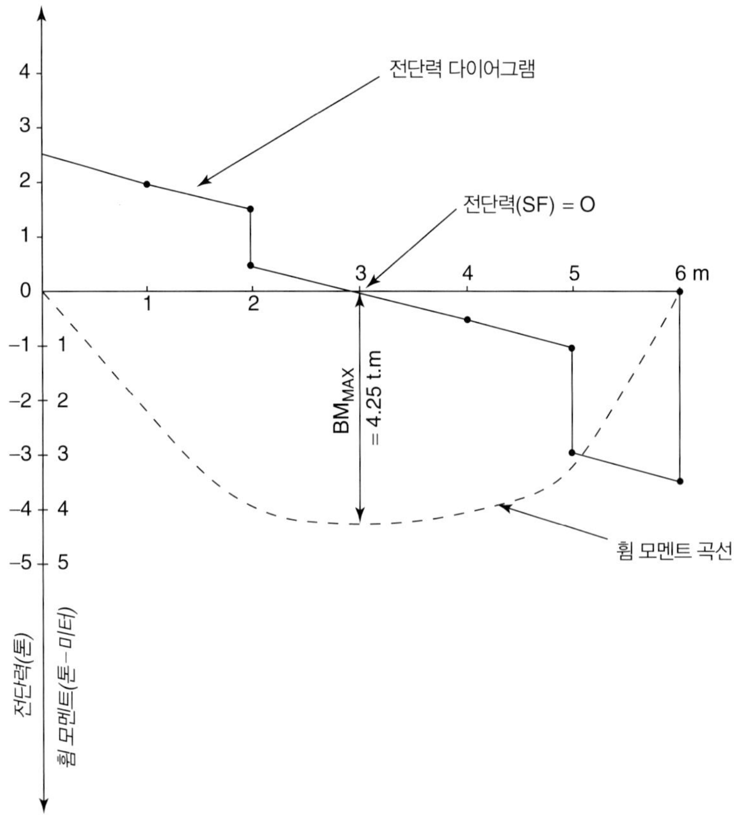

그림 3.6 ▶ 길이 6 m 보에 대한 전단력(SF) 및 휨 모멘트(BM). 최대전단력 = 2.5톤, 최소전단력 = −3.5톤, 최대 휨 모멘트 = 4.25톤−미터

(ii) 집중 하중에 작용하는 지점에서는 전단력이 급격한 불연속성을 보인다. 이 현상은 점 하중(point load)이 작용할 경우의 무질량 보에 대한 전단력 곡선과 비슷하다.

(iii) 하중이 균일하게 분포된 경우에는 점진적 기울기를 가진다. 이것은 균일 하중 분포의 무질량보의 경우와 비슷하다.

전단 곡선에서 영의 값(zero value)은 휨 모멘트가 최대가 되는 보 중앙 지점에서 생긴다.

지금까지 양 끝단이 각각 지지된 보에 대하여 학습했다. 만일 어떤 보가 양 끝단에서 지지되지 않은 경우에는 비록 일반적 이론은 동일하더라도 지지점을 벗어난 지점에서의 전단력 및 휨 모멘트 계산에서 다른 문제가 생긴다.

끝단 지지점을 벗어난 곳에서의 보는 외팔보(cantilever)로 간주할 수 있는 데, 외팔보란 한 쪽 끝은 고정되고 다른 쪽 끝은 자유로운(즉, 지지되지 않은) 보를 일컫는다. 외팔보에 두 가지 형태의 하중이 작용할 때의 전단력과 휨 모멘트를 학습해 보자.

외팔보의 임의 지점에서의 전단력 및 휨 모멘트를 계산할 때에는 그 임의 지점에서 외팔보의 자유단 쪽으로 존재하는 하중을 고려해야만 한다. 자유단이 언제나 오른쪽에 있다고 가정한다면 3장 첫부분의 부호 규칙을 적용할 수 있다.

(a) 무질량보의 자유단에 점하중(집중하중)이 가해진 경우

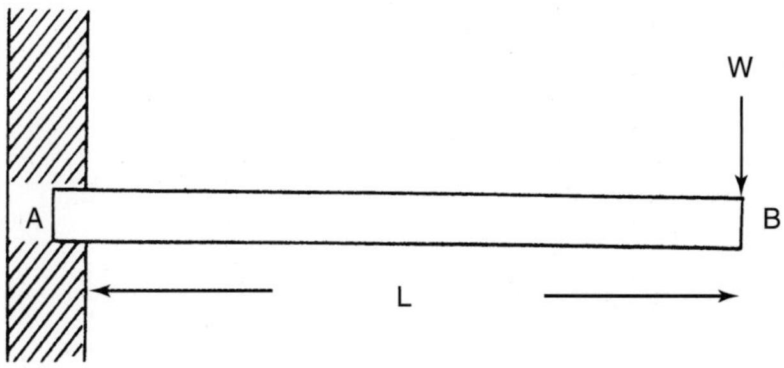

그림 3.7

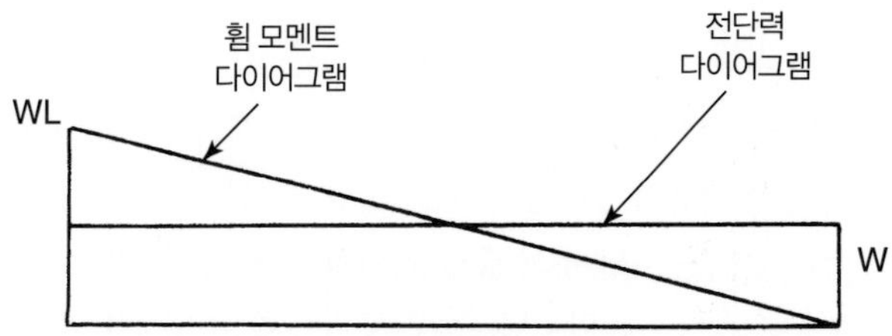

그림 3.8

지점	*전단력*	*휨모멘트*
B_L	$-W$	0
1/2L	$-W$	$-\frac{WL}{2}$
A	$-W$	$-WL$

(b) 무질량보에 균일분포 하중이 가해진 경우

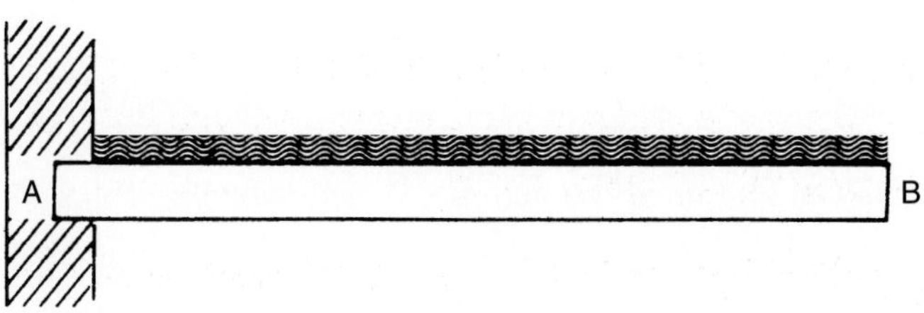

그림 3.9

단위 미터 당 중량 w는 $\frac{W}{L}$와 같음

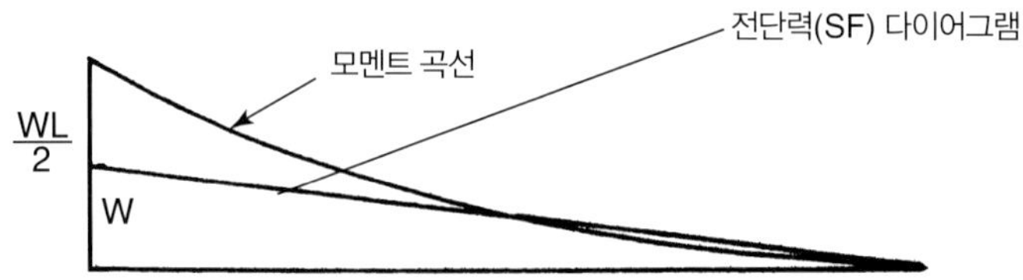

그림 3.10

지점	전단력	휨모멘트
B	0	0
1/2 L	$-\frac{W}{2}$	$-\frac{wL}{2} \times \frac{L}{4} = -\frac{WL}{8}$
A	$-W$	$-wL \times \frac{L}{2} = -\frac{WL}{2}$

보 이론의 선박 적용

선박은 보의 형상으로 간주할 수 있기 때문에 지금까지 학습한 보 이론을 적용할 수 있다. 선박의 길이에 걸쳐 작용하는 하중은 우선 중량 곡선을 작성하여 구할 수 있는 데, 각각의 종좌표는 그 점에서의 단위 길이당 평균 중량을 나타낸다. 단위 길이당 중량은 하중에 따라 결정되는 데, 중량이 클수록 거리는 짧아진다. 두 번째 곡선을 작성해야 하는 데, 그것은 부력 곡선이다.

각각의 곡선은 변동할 수 있는 데, 중량 곡선은 하중의 형태(예를 들어 경하상태 또는 만재상태)에 의해 지배를 받는다. 부력 곡선은 정수 상태에 대하여 작성할 수 있고 파랑 중에서 선박이 지지를 받는 상태에 대하여 작성할 수 있는데, 이 경우 선박의 양 끝단에 파정이 걸쳐져 선박을 지지하는 경우(새깅 상태)에 대하여나 선박의 중앙부에 파정이 걸쳐져 선박을 지지하는 경우(호깅 상태)에 대하여 부력곡선을 작성한다.

임의 지점에서의 중량 곡선과 부력 곡선의 차이는 하중인데, 이 하중은 그 지점에서의 종좌표로 작성된다. 각각의 종좌표를 결합하면 하중 곡선이 되는데, 이 하중 곡선에 나타난 정보를 이용하여 전단력, 더 나아가 휨 모멘트를 구할 수 있다. 예제 23에 이에 관한 계산 과정을 예시하고 있다.

예제 23

길이 30 m, 폭 8 m, 깊이 6 m인 상자형 부선(barge)이 상대 밀도 1.025인 염수에서 평행한 상태로 4 m의 흘수로 떠 있다. 이 부선의 중앙부에서 부선 길이의 반에 걸쳐 알갱이 형태의 화물 500톤이 적재되고, 규모가 2 m × 2 m × 2 m이고 중량이 20톤인 기계장치 2기가 각각 선박 양 끝단에서 5 m 되는 곳의 중심선에 거치되어 있다.

부선의 중량은 부선 길이 전체에 걸쳐 균일하게 분포되어 있다고 가정해서 정수 중에서의 하중 곡선을 작성하고, 이 하중 곡선에서부터 전단력 곡선과 휨 모멘트 곡선을 작성하라.

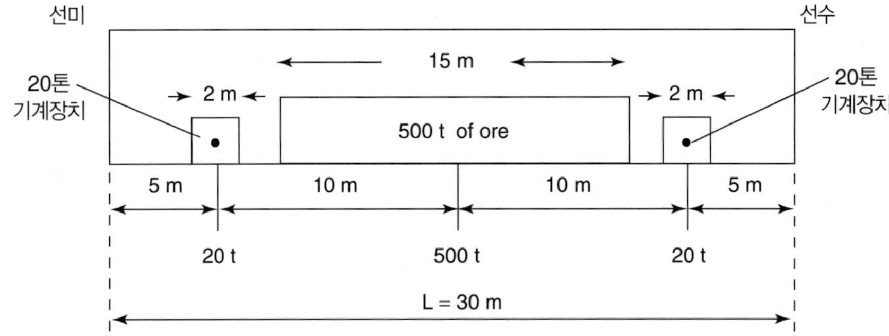

그림 3.11

$$
\begin{aligned}
\text{부선의 배수량} &= 30 \times 8 \times 4 \times 1.025 \\
&= 984\text{ 톤} \\
\text{화물 중량} &= -540\text{ 톤} \\
\text{부선 중량} &= 444\text{ 톤} \\
\text{1미터 당 부선 중량} &= \frac{444}{30} = 14.8\text{ 톤} \\
\text{1미터 당 부력} &= \frac{984}{30} = 32.8\text{ 톤} \\
\text{알갱이 화물의 1미터 당 중량} &= \frac{500}{15} = 33.3\text{ 톤} \\
\text{기계장치의 1 m 당 중량} &= \frac{20}{2} = 10.0\text{ 톤}
\end{aligned}
$$

다음 페이지의 부호 규칙에 유의하면 1미터 당 부력은 기준선 AB에서부터 위로 떨어져 위치하게 되고 사각형 ABCD로 표시된다. 중량은 부력의 효과를 감소시키기에 CD선 아래 쪽에 위치하게 된다. 부선의 미터당 중량은 CD로 표시되고 부선 전체의 중량은 CDEF로 표시된다. 화물의 중량은 부력의 효과를 더 감소시키게 되는데, 사각형 GIHJ, KMNL 및 OQRP로 특정되어 각각의 선수미 쪽 거치(적재) 위치에 맞추어 EF선 아래에 표시된다.

AB선 위쪽에서 손실되지 않은 부력곡선 부분은 양의 하중으로, AB선 아래의 중량곡선은 음의 하중으로 표시한다. 이제 하중 곡선을 작성할 수 있는데 그 결과를 그림 3.12의 점선으로 나타내었다.

위에서 설명한 방법은 부력이 균일하게 분포하는 정수 조건에서의 계산에 매우 적합하다. 파랑 중에서의 선박에 대하여는 훨씬 복잡한 계산 과정을 거쳐야 하는데, 부력과 중량 모두가 기선 AB로부터 작성된다.

여러 지점에서 그 지점의 왼쪽이나 오른쪽 방향의 하중을 합산하면 그 지점에서의 전단력이 구해진다. 하중곡선 아래 부분의 면적을 전단력을 얻고자 하는 임의 지점까지 계산하게 되면 하중의 합산이 이루어 지는데, 이는 하중곡선의 종좌표는 1미터당 중량이기에 이들 종좌표에 그들 사이의 거리를 곱하게 되면 하중을 구하게 된다. 이 하중은 다음과 같이 중량의 단위를 가진다.

$$\frac{W}{L} \times L = W$$

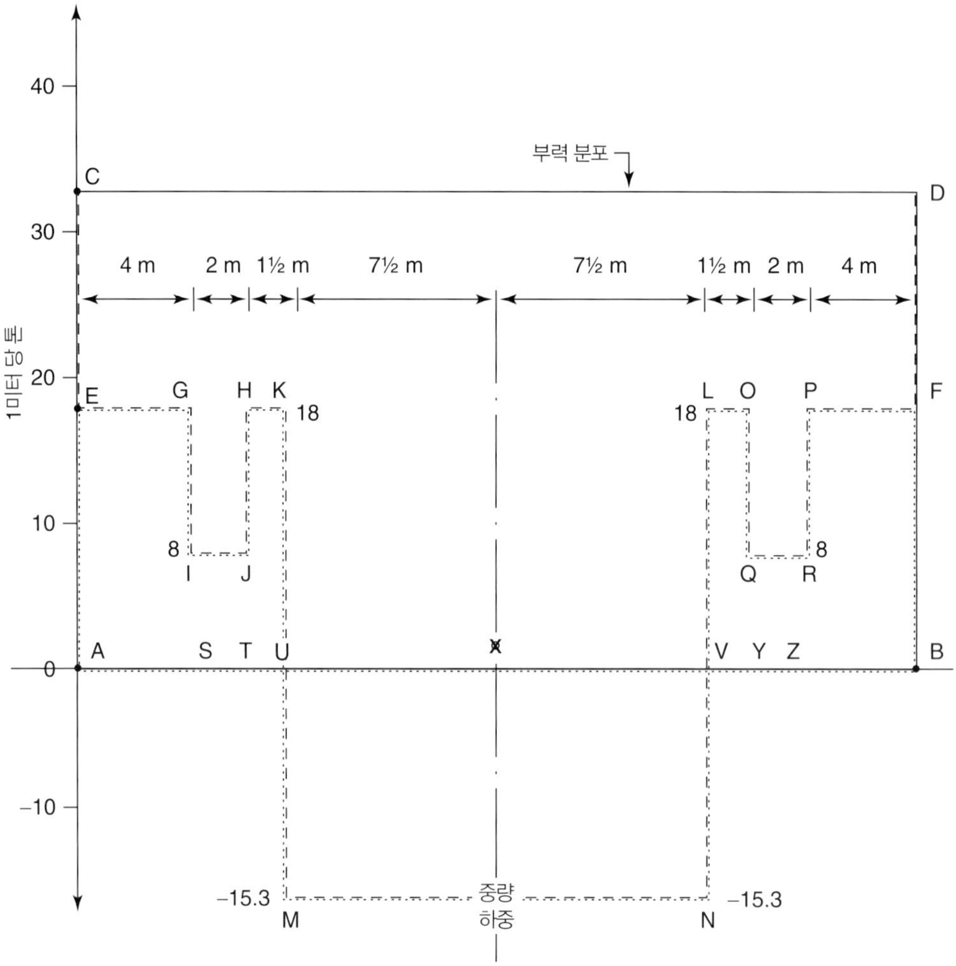

그림 3.12 ▶ 선체 강도 다이어그램–중량 부력 및 하중

지점 식별자	A 지점으로 부터의 거리	그 지점의 왼쪽에 위치한 전단력	=	하중곡선 아래 부분의 면적(톤)
A	0 m	0		0
S	4 m	(4 × 18)		72
T	6 m	72 + (2 × 8)		88
U	7(1/2) m	88 + (1.5 × 18)		115
X	15 m	115 − (7.5 × 15.3)		0
V	22(1/2) m	0 − (7.5 × 15.3)		−115
Y	24 m	−115 + (1.5 × 18)		−88
Z	26 m	−88 + (2 × 8)		−72
B	30 m	−72 + (4 × 18)		0

만일 여러 지점들의 오른쪽에 있는 면적을 취했더라도 계산 결과 값은 동일할 것이다. 그러나 같은 수치를 가지는 계산 결과 값이지만, 부호 규칙에 의해 그 값은 반대 부호를 가진 값이 된다.

독자는 스스로 이 두 가지 계산을 해서 확인하기 바란다. 이렇게 구한 전단력 계산 결과값을 이용하여 전단력 곡선을 작성할 수 있다. 앞에서 말한 여러 지점까지의 전단력 곡선 아래 부분의 면적은 그 지점들에서의 휨 모멘트가 되는데, 아래 표와 같이 계산할 수 있다.

지점 식별자	A로부터의 거리	지점 왼쪽 전단력 곡선의 면적	=	휨 모멘트 (톤-미터)
A	0 m	0		0
S	4 m	$4\left(\frac{0+72}{2}\right)$		144
T	6 m	$144+2\left(\frac{72+88}{2}\right)$		304
U	7(1/2) m	$304+1.5\left(\frac{88+115}{2}\right)$		456.25
X	15 m	$456.25+7.5\left(\frac{115+0}{2}\right)$		887.50
V	22(1/2) m	$887.5-7.5\left(\frac{0+115}{2}\right)$		456.25
Y	24 m	$456.25-1.5\left(\frac{115+88}{2}\right)$		304
Z	26 m	$304-2\left(\frac{88+72}{2}\right)$		144
B	30 m	$144-4\left(\frac{72+0}{2}\right)$		0

만일 오른쪽 지점들에 대해 모멘트를 취하더라도 동일한 결과를 얻을 수 있을 것이다.

그림 3.13에 위의 마지막 두 표에서 계산한 전단력(SF)과 휨모멘트(BM) 값을 그래프로 나타내었다.

만일 f_{max} = 최대 휨 응력 (t/m^2)이라 하면,

$$f_{MAX}=\frac{M}{I_{NA}}\times y$$

여기에서 M = 휨 모멘트 곡선에서 구한 BM_{MAX} (단위: 톤-미터)

y = 중립축으로부터 고려하고자 하는 선각 또는 구조부재 까지의 거리 (단위: m)

I_{NA} = 중립축에 대한 관성 모멘트 (면적의 2차 모멘트를 일컫음) (단위: m^4)

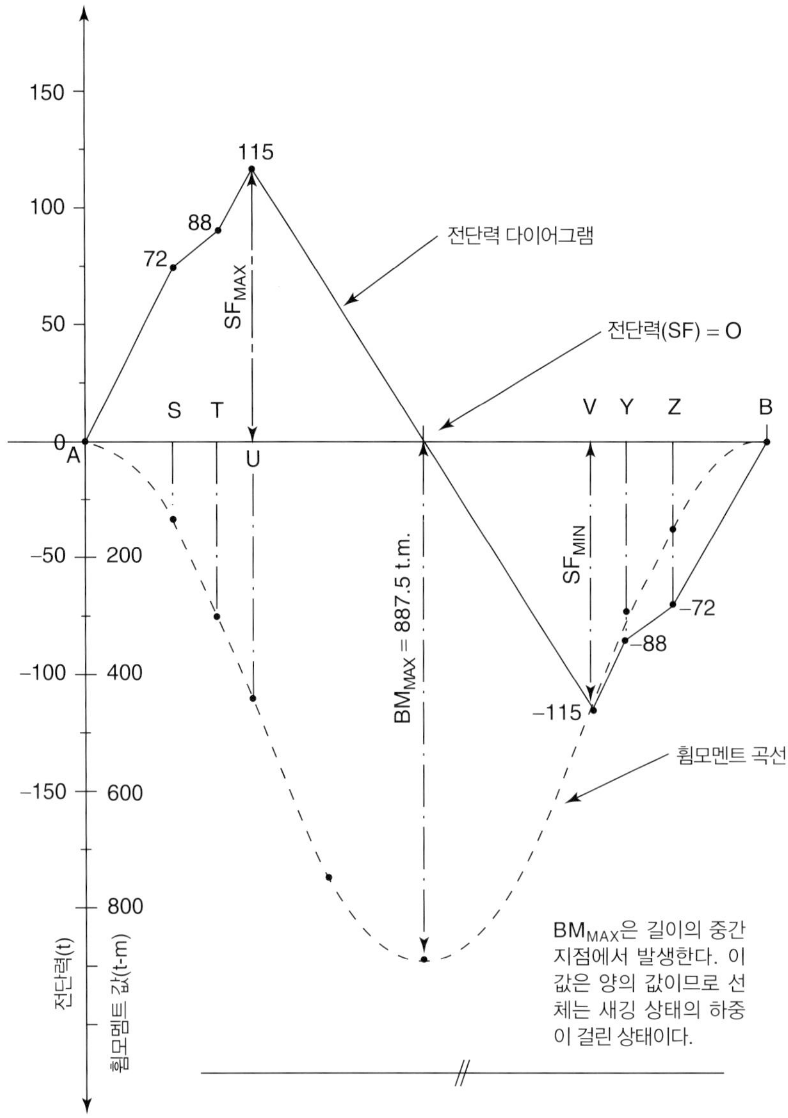

그림 3.13 ▶ 예제 23의 선체 강도 곡선

그림 3.14에서는 선체에 파랑에 의한 새깅 하중이 작용하는 경우이다. 새깅 하중에 의해 먼저 선저부의 선각이 파손된 후 반대편(갑판부)이 파괴된다. 그림 3.14의 구상선수를 유심히 보라.

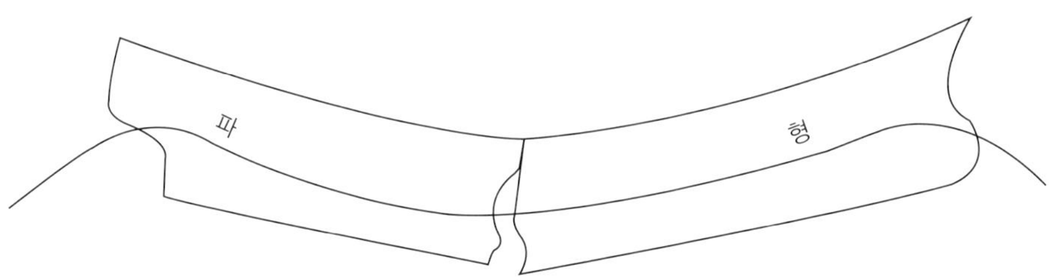

그림 3.14 ▶ 복원성이 나쁜 경우의 선박 상태(선체 파손)

구상선수는 다음의 이유로 인해 선체에 부착된다:

(a) 동일한 수준의 기관 동력일지라도 속도가 증가된다. 만재상태에서는 1/2 노트, 경하상태에서는 3/4 노트 정도의 속도 증가 효과가 있다.

(b) 선수부 탱크(Fore peak tank)의 바닥부의 강도를 추가적으로 증대시킨다.

(c) 선수부 탱크의 진동 진폭을 감소시킨다.

그러나 구상 선수를 탑재(또는 건조)하기 위해서는 많은 비용이 발생한다. 또한 그 선박이 저속 운항을 할 경우에는 선박의 전진 운동에 의한 저항을 증가시킬 수도 있다.

CHAPTER 04

횡 복원성(제1부)

Transverse Stability (Part 1)

선박의 복원성(또는 안정성)은 KB, BM, KG 및 GM에 의해 결정된다. 본서의 도입부에 있는 "선박 복원성 개념"의 그림을 보라. 이들 네 가지 값에 대해서는 나중에 설명되겠지만, GM이 가장 중요한 값이다.

메터센터는 선박이 똑바로 떠 있는 상태에서의 부력중심선의 수직선과 경미하게 기울어졌을 경우에서의 부력중심선의 수직선이 만나는(교차되는) 점이다.

횡 메터센터(M)은 선체가 횡방향으로 기울었을 경우(heel과 list)에 대하여 사용된다.

종 메터센터(M_L)은 선체가 종방향으로 기울었을 경우(trim)에 대하여 사용된다.

메터센터 높이(GM)는 선체 중량 중심점(center of gravity)와 메터센터 사이의 거리이다.

메터센터의 위치는 아래의 공식으로 계산할 수 있다.

$$BM = \frac{I}{V}$$

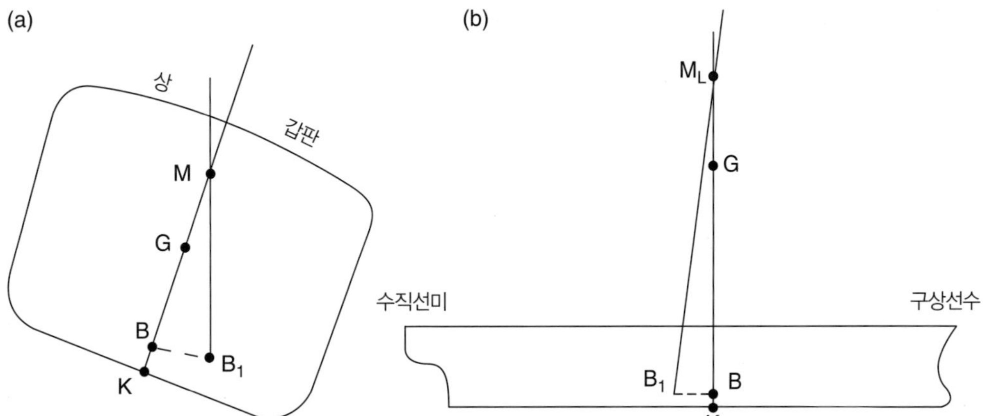

그림 4.1

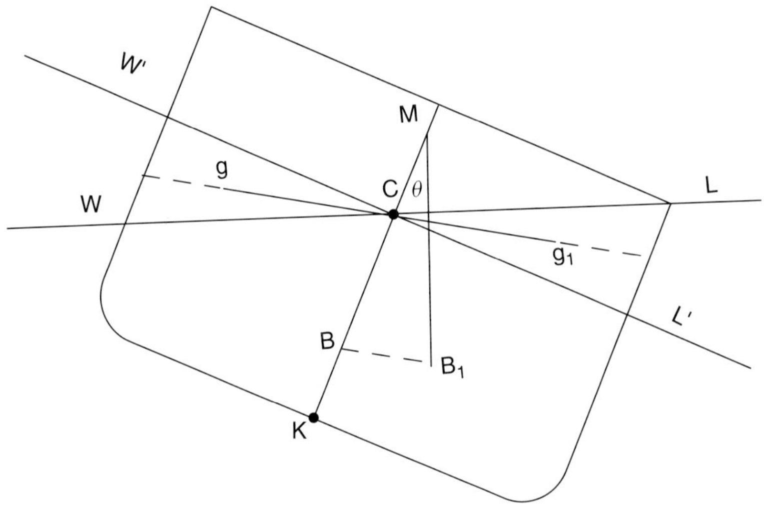

그림 4.2

여기에서, I는 미테 단위로 나타낸 수선면의 관성 모멘트(면적의 이차 모멘트)이며, V는 세제곱미터로 나타낸 배수용적이다. 이 공식은 뒤에서 증명될 것이다.

주의: 어느 한 선에 대한 물체의 관성 모멘트는 면적의 2차 모멘트로도 불리는데, 그 물체 내에 존재하는 모든 입자(요소)의 질량에 관성 모멘트를 구하고자 하는 선(또는 축) 사이 거리의 제곱을 곱하여 계산할 수 있다. 물체 내의 모든 입자(질량 요소) 각각에 대하여 구한 이들 이들 곱의 값들을 합산하면 그 물체의 관성 모멘트를 구할 수 있다.

이제 $BM = \frac{I}{V}$를 증명하도록 한다.

위 그림 4.2에서,

물에 잠긴 쐐기 = 물 밖으로 나온 쐐기일 것이다.

만일 v = 선체 종방향으로의 1의 단위 길이를 가지는 쐐기의 부피

b = 단위 길이 쐐기 각각의 폭 = 선체 폭의 $\frac{1}{2}$

g와 g_1 = 두 쐐기의 중심

V = 선체의 배수용적

이라면, $BB1 = \frac{v \times gg_1}{V}$이다.

횡방향 경사각 θ가 무한대로 작은 값이라면 WC, W^1C, LC, L^1C의 길이는 모두 같고 삼각형 WCW^1와 LCL^1는 이등변 삼각형이 된다.

이제 삼각형 WCW^1의 면적 $= \frac{1}{2}b^2 \sin\theta$인데, 여기에서 $WW^1 = b \sin\theta$임에 유의하라.

$$gg_1\text{의 거리} = \tfrac{4}{3}CL^1 \text{ 또는 } \tfrac{4}{3}b$$

$$\text{면적의 모멘트} = \frac{b^2}{2}\sin\theta \times \frac{4}{3}b = \frac{2b^3}{3}\sin\theta$$

만일 길이가 무한대로 작은 값(이 값을 단위 길이 1이라 부르기로 한다)을 가지는 삼각형을 생각한다면, 이 면적 모멘트는 이 특정한 점에서 쐐기의 용적의 모멘트가 되기도 한다. 이제 다른 모든 쐐기의 용적에 대하여 모멘트를 구해야만 하고, 이들을 적분을 하거나 심프슨 법칙을 이용하여 합산을 하도록 한다.

$$\text{쐐기 전체의 모멘트} = v \times gg_1 = \sum \frac{2b^3}{3}\sin\theta$$

$$\theta\text{가 아주 작은 값이라면 } \frac{BB_1}{BM} = \sin\theta$$

$$BB_1 = BM \ \sin\theta$$

$$\text{이제 } BB_1 = \frac{v \times gg_1}{V} = \frac{\sum \frac{2}{3}b^3 \sin\theta}{V}$$

$$BM \sin\theta = \frac{\sum \frac{2}{3}b^3 \sin\theta}{V}$$

$$BM = \frac{\sum \frac{2}{3}b^3 \sin\theta}{\sin\theta \times V} = \frac{\sum \frac{2}{3}b^3}{V}$$

그러나 $\sum \frac{2}{3}b^3$은 위에서 보인 수식 전개와 정의에 의하면 수선면의 관성 모멘트임을 알 수 있다.

$$\therefore\ BM = \frac{I}{V}$$

이렇게 BM의 값을 계산해서 안다면 각 흘수에서의 메타센터 높이를 그려서 메타센터 곡선을 작성할 수 있게 되는 데, 아래에서 상자형 선형을 가지는 선체에 대해서 예를 들어 본다.

사각형 형상의 수선면에 대한 관성 모멘트(면적의 2차 모멘트)는,

*횡방향 경사*에 대하여는 $\frac{LB^3}{12}$이고,

*종방향 경사*에 대하여는 $\frac{BL^3}{12}$이다.

상자형 선형의 배수용적은 $L \times B \times d$이므로,

$$\textit{상자형}\text{ 선형의 } BM = \frac{LB^3}{12 \times L \times B \times d} = \frac{B^2}{12d}\ (\textit{횡방향 경사 시})$$

$$\text{또는 } \frac{L^2}{12d} \ (\textit{종방향 경사 시})$$

$$\textit{삼각형 선형의 } BM = \frac{B^2}{6d} \ (\textit{횡방향 경사 시})$$

$$\text{또는 } \frac{L^2}{6d} \ (\textit{종방향 경사 시})$$

*일반 선형*에 대하여는:

$$BM = \frac{C_w^2 \times B^2}{12 \times d \times C_b} \qquad (\text{근사적 추정})$$

그리고

$$BM_L = \frac{3 \times C_w^2 \times L^2}{40 \times d \times C_b} \qquad (\text{근사적 추정})$$

모든 경우에 대하여 L = 수선면의 길이, B = 수선면의 최대 폭, d = 흘수, C_b = 방형계수, C_w = 수선면적 계수이다.

예제 24

길이가 270 m이고 폭이 24 m인 상자형 선형에 대한 메타센터 곡선을 작성하되 대상이 되는 흘수는 2 m에서 14 m 까지 1 m의 간격으로 하라.

흘수(m)	*BM* (m)	*KB* (m)	*KM* (m)
2	24	1.0	25.0
3	16	1.5	17.5
4	12	2.0	14.0
5	9.6	2.5	12.1
6	8.0	3.0	11.0
7	6.8	3.5	10.3
8	6.0	4.0	10.0
9	5.3	4.5	9.8
10	4.8	5.0	9.8
11	4.4	5.5	9.9
12	4.0	6.0	10.0
13	3.7	6.5	10.2
14	3.4	7.0	10.4

KB와 KM의 값들을 흘수에 대하여 그리면 메타센터 곡선(그림 4.3)을 형성하게 된다. 모든 선박에 대하여 KB와 KM 값들은 그 선박들의 수면 하의 *기하학적 형상*에 의해 결정된다. 반면에 KG 값은 그 선박의 중량이나 *적하 특성*에 의해 결정된다.

위 표의 값들에 대하여:

$$KB = \frac{d}{2} \text{ 그리고 } BM = \frac{B^2}{12 \times d}$$

$$\text{그러므로 } BM = \frac{24 \times 24}{12 \times d} = \frac{48}{d}\text{미터.}$$

모든 흘수에 대하여 KM = KB + BM

메터센트 곡선 사용 예

(a) 흘수가 5.5 m일 때 KG는 8.48 m이라고 가정하자. 그러면 이 KG는 그림 4.3에 나타낸 바와 같이 G1 점에 이 값을 찍을 수 있다. KM은 11.48 m로 읽을 수 있으므로 GM = 1.48 − 8.48 = +3 m.

이 경우 GM은 양의 값이므로 선박은 안정 상태이다.

(b) 흘수가 10.5 m일 때 KG는 11.82 m로 가정하자. 이 KG는 그림 4.3에 나타낸 바와 같이 G_2 점에 그 값을 찍을 수 있다. KM은 9.82 m로 읽을 수 있으므로 GM = 9.82 − 11.82 = −2 m.

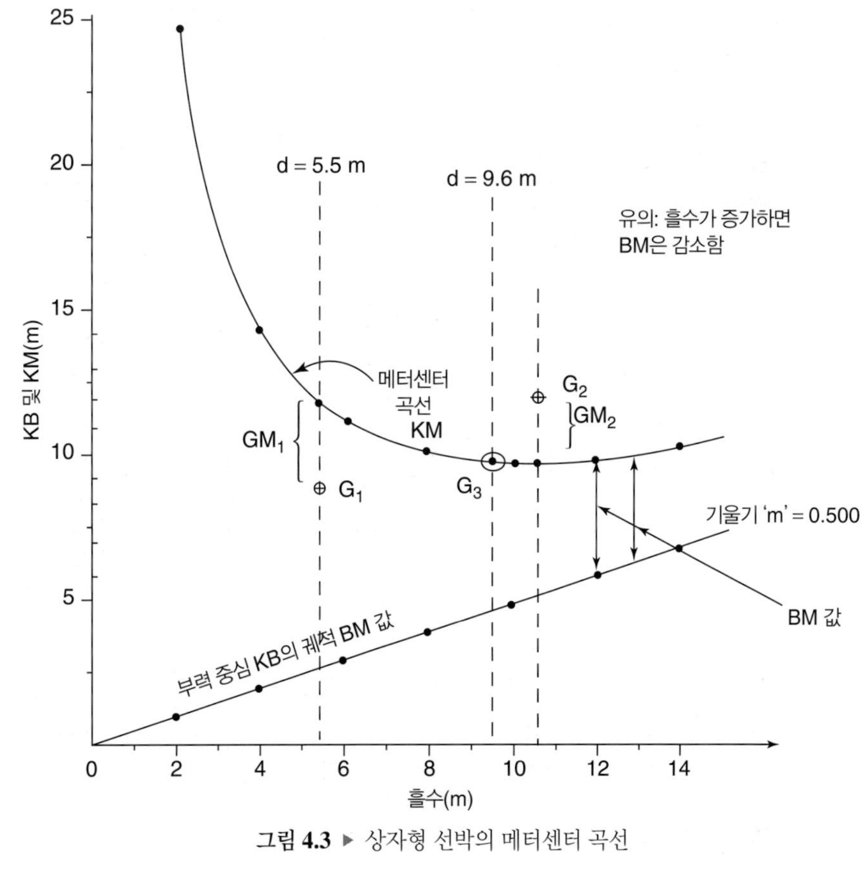

그림 4.3 ▸ 상자형 선박의 메터센터 곡선

이 경우 GM은 음의 값을 가지므로 선박은 불안정 상태이다.

(c) 흘수가 9.6 m일 때 KG는 9.8 m로 가정하자. 이 KG는 그림 4.3과 같이 G_3에 점을 찍을 수 있다. KM은 9.8 m로 읽을 수 있으므로 GM = 9.8 − 9.8 = 0.

GM = 0이므로 선박은 중성 상태이다.

일반적 선형의 선박의 메터센터 곡선도 그림 4.3에 나타난 상자형 선박과 유사하다.

예제 25

(a) 그림 4.4에 나타난 바와 같은 삼각형 선형의 선박에 대한 메터센터 곡선을 흘수 15 m까지 작성하라.

(b) 흘수가 13.5 m일 때 KG는 10.5 m이다. 메터센터 곡선을 이용하여 GM을 구하라. 이 적재 상태는 안정인가 불안정인가?

(c) 흘수가 7.5 m일 때 KG는 7.55 m이다. 메터센터 곡선을 이용하여 GM을 구하라. 이 적재 상태는 안정인가 불안정인가?

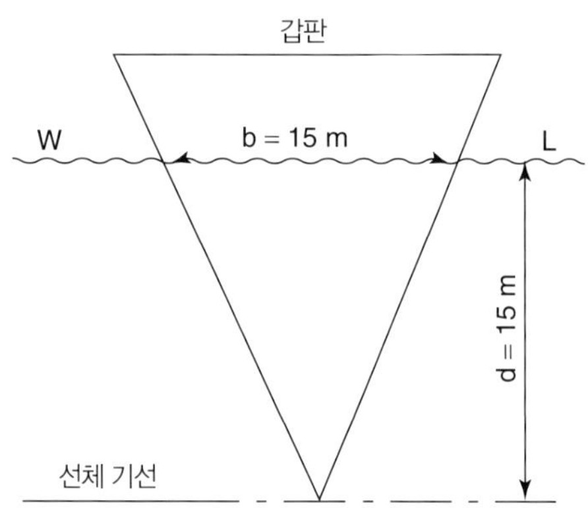

그림 4.4 ▸ 모든 흘수에 대하여 KB + BM = KM

흘수	형폭	$KB = \frac{2}{3}d$	$BM = \frac{B^2}{6d}$	KM
15	15	10	2.5	12.5
12	12	8	2.0	10.0
9	9	6	1.5	7.5
6	6	4	1.0	5.0
3	3	2	0.5	2.5

풀이

(a)

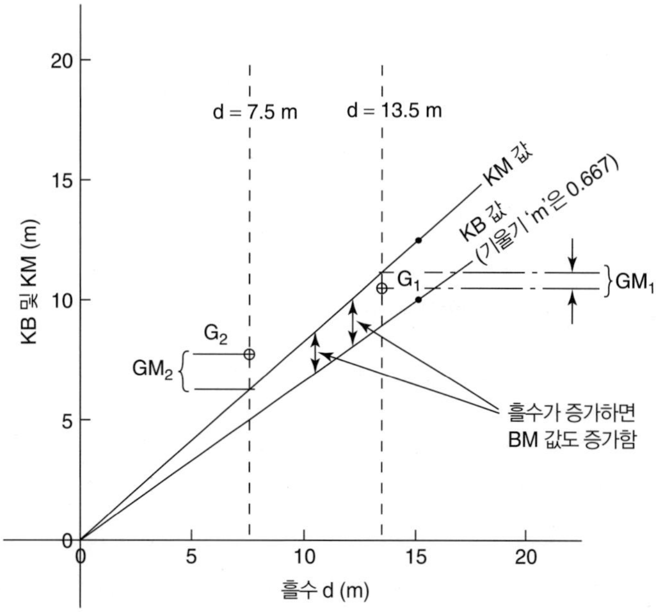

그림 4.5 ▶ 삼각형 선형의 선박에 대한 메터센터 곡선

(b) 흘수가 13.5 m일 때 KM는11.25 m이다. 만일 그림 4.5에 G_1으로 표시한 바와 같이 KG = 10.50 m이면, GM = 11.25 − 10.50 = +0.75 m이고 그림에서는 GM_1으로 표시되었다.

GM이 양의 값을 가지므로 선박은 안정상태이다.

(c) 흘수가 7.5 m일 때 KM는 6.25 m이다. 만일 그림 4.5에 G_2로 표시한 바와 같이 KG = 7.55 m이면, GM = 6.25 − 7.55 = −1.30 m이고 그림에서는 GM_2로 표시되었다.

GM이 음의 값을 가지므로 선박은 불안정상태이다.

그림 4.5에 나타낸 바와 같은 삼각형 선형의 선박에 대한 메터센터 곡선으로부터 알 수 있는 사실은 다음과 같다.

1. 낮은 흘수에서는 수선면의 *폭이 줄어*든다.
2. KB와 KM은 *직선*이다.
3. KB 선에 대해 기울기 '*m*'은 2/3, 즉 0.667이다.
4. 흘수가 *증가하면* BM도 증가한다.
5. KB와 KM은 각각 *선박의 길이*와는 *독립적*이다.
6. KB와 BM은 선박의 기하학적 형상(선형)에 따라 변한다 (형상 종속적).

메터센터 곡선(다이어그램) 요약

선형	KB 직선의 기울기 'm'	KM 형상	흘수 증가 시 BM 변화
상자형 선형	0.50	포물선	감소
일반선형	약 0.535	포물선	감소
삼각형 선형	0.667	직선	증가

짝힘(Couples)과 모멘트(Moments):

서로 평행하는 같은 크기의 두 힘이 반대 방향으로 작용할 때 짝힘(couple)이 발생한다.

짝힘의 작용거리는 그 짝힘을 형성하는 힘들 사이의 직각 거리이다.

어떤 짝힘의 모멘트는 짝힘을 이루는 두 힘 중 하나의 힘에 짝힘의 작용거리를 곱한 것이다.

선박이 떠 있기 위해서는 선박의 중량과 부력이 같아야 한다는 것을 이미 보인 바 있다. 만일 이들 두 힘이 동일한 수직선에 놓여 있지 않다면 짝힘이 발생할 것이다. 이러한 경우를 그림 4.6에 도시하였는데, 외력의 작용에 의해 선박이 기울어졌을 때 복원을 하려는(원상태로 되돌아 가려는) 짝힘이 형성된다. 그 짝힘의 작용거리는 GZ 또는 복원 레버로 알려져 있다.

복원성 또는 정적 복원성이란 외부적 요인에 의해 강제적으로 경사되었을 때 원래의 위치로 되돌아가는 능력을 의미한다.

정적 복원 모멘트 또는 복원 모멘트는 어떤 선박이 초기의 위치로 복원되는 능력을 나타내는 척도이다. 복원력은 언제나 W × GZ 톤－미터로 나타낸다.

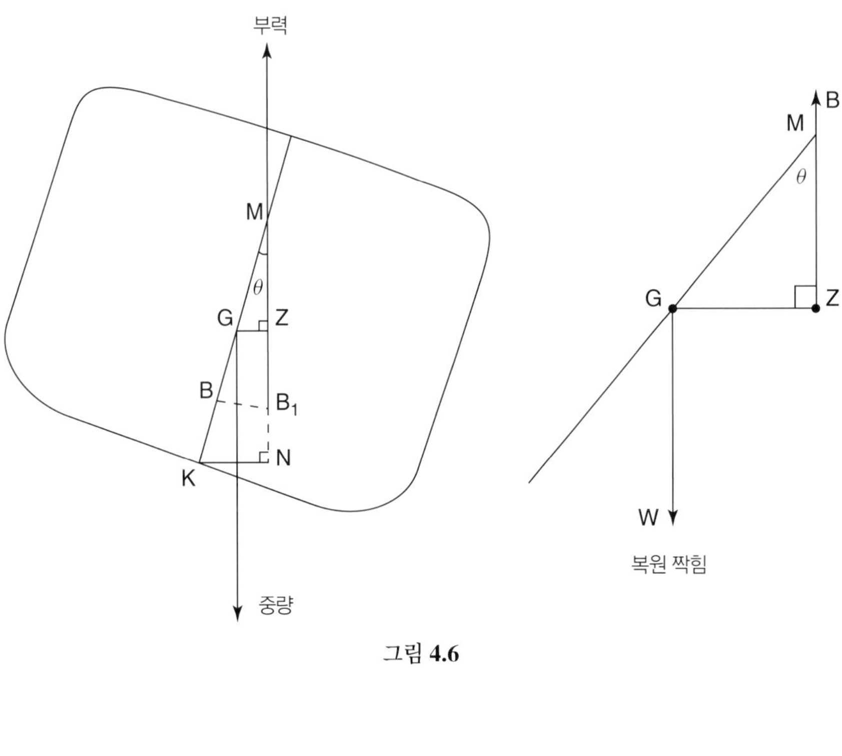

그림 4.6

메타센트 복원력. 메터센터에 의한 복원력 평가 시 메터센트는 고정된 점으로 간주한다. 그러면 GZ 레버는 메터센터의 높이로 표현할 수 있게 된다. 즉, GZ = GM sine θ이다(이 수식은 경사각이 약 15도 까지만 적용할 수 있다).

$$GM = KM - KG \text{이므로}$$

$$GM \sin\theta = (KM - KG)\sin\theta = KM\sin\theta - KG\sin\theta$$

$$KM\sin\theta = KN.$$

그러므로 GM sin θ는 KN − KG sin θ로 나타낼 수 있다(135 페이지의 KN 교차곡선을 참조하라).

초기 복원성은 선박이 경사되기 전의 초기 상태에 대한 복원성이며 메타센터에 의해 표시된다. GM의 감소는 그 선박의 복원성의 손실을 의미하는 것이다.

동적 복원성은 선박이 외력에 의해 경사되었을 때 가해진 일(work)의 척도가 된다. 이 동적 복원성, 즉 외력에 의해 선박에 가해진 일은 부력중심 B와 선체중심 G의 수직 이격 거리와 배수량을 곱하면 구할 수 있다. 경사각 15도 까지는 이 일은 근사적으로 W × GM × 2 haversine θ이다. 또 다른 계산방식은 136 페이지에서 찾을 수 있다.

대경사각에서의 복원성

메터센터는 더 이상 고정점으로 간주할 수 없게 된다(대경사각에서의 메터센터는 프로메터센터로 알려져 있다). 이제는 메터센터 높이를 이용한 계산법과는 다른 방법을 이용하여 정적 및 동적 복원성을 계산해야 한다. 두 가지 방법을 언급하면 다음과 같다:

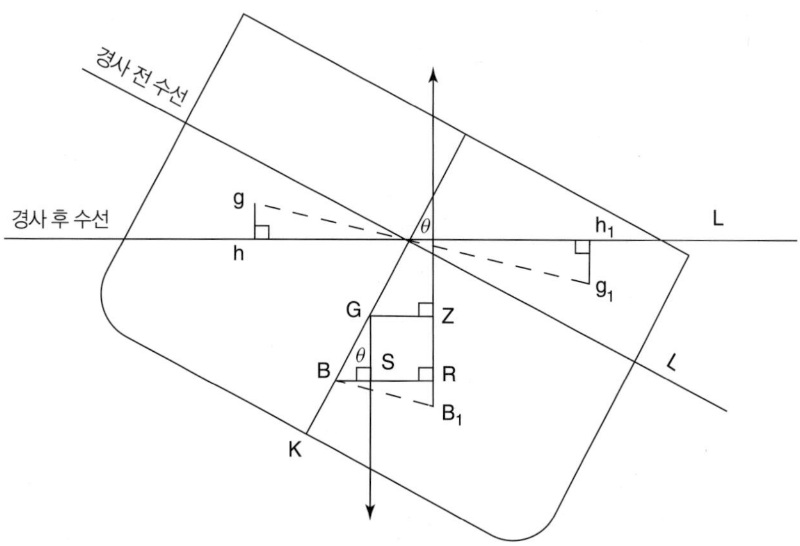

그림 4.7

(i) 모스리 공식(Modeley's formula)의 이용

(ii) 연직현측 공식(wall-sided formula)의 이용

배수량이 V인 선박이 기울어지면 부심이 한 쪽에서 다른 쪽으로 이동하게 된다. 위 그림 4.7에서 g와 g_1은 떠 오르고 가라앉은 용적 또는 부력 쐐기의 무게중심인데, 이들 각각의 부피는 v이다.

부력 중심은 B_1으로 이동하며(수면 하의 형상이 변경되었으므로)

$$BB_1 = \frac{v \times gg_1}{V}$$

BB_1은 gg_1에 평행하다.

이 부심의 이동은 수직 성분(RB_1)과 수평 성분(BR)으로 분해할 수 있다.

$$BR - BS = GZ. \qquad BR = \frac{v \times hh_1}{V}. \qquad BS = BG \sin\theta.$$

위 계산 항목들을 결합하면 정적 복원성에 대한 애트우드(Atwood) 공식을 다음과 같이 얻는다.

$$AsW\left(\frac{v \times hh_1}{V} - BG \sin\theta\right)$$

G와 B_1 사이의 수직 거리는 ZB_1인데 이는 $RB_1 + RZ$이다.

$$RB_1 = \frac{v \times (gh + g_1h_1)}{V}. \qquad RZ = BG \cos\theta.$$

선박이 경사되기 전 B와 G 사이의 거리는 BG였다. 이들 두 수직 거리 간의 차이(즉 B와 G의 수직 이격 거리)에 배수량을 곱하면 동적 복원력을 얻게 되는 데, 위의 수식 전개로부터 아래와 같은 식을 얻게 된다.

$$W\left(\frac{v \times (gh + g_1h_1)}{V} + BG\ \cos\theta - BG\right)$$

또는 $W\left(\frac{v \times (gh + g_1h_1)}{V} - BG\ \text{versine}\ \theta\right)$ 이 식은 모스리의 공식으로 알려져 있다.

연직현측 복원성

수선면 상에서 선박의 양쪽 측벽부가 서로 평행하고(유조선의 경우에 해당) 갑판 모서리가 수면 아래로 잠기지 않았다면, 물 속에 잠긴 쐐기와 물 밖으로 나온 쐐기는 선체 중심선에 대하여 대칭이 된다고 간주할 수 있다. 이러한 경우에 대하여 '연직현측 공식'을 이용하여 복원 레버를 계산할 수 있다. 이 공식은 뒷 페이지에서 나타나는 데, 애트우드(Atwood) 공식에 비해 이 공식

을 이용하게 되면 GZ를 더욱 직접적으로 계산할 수 있다.

$b = \frac{1}{2}$ 선체의 반폭

$\theta =$ 경사각 (매우 작은 각도)

$g, g_1 =$ 물 속으로 잠긴 쐐기와 물 밖으로 나온 쐐기의 중심

$v =$ 위 쐐기의 단위 길이 당 부피

라고 하자.

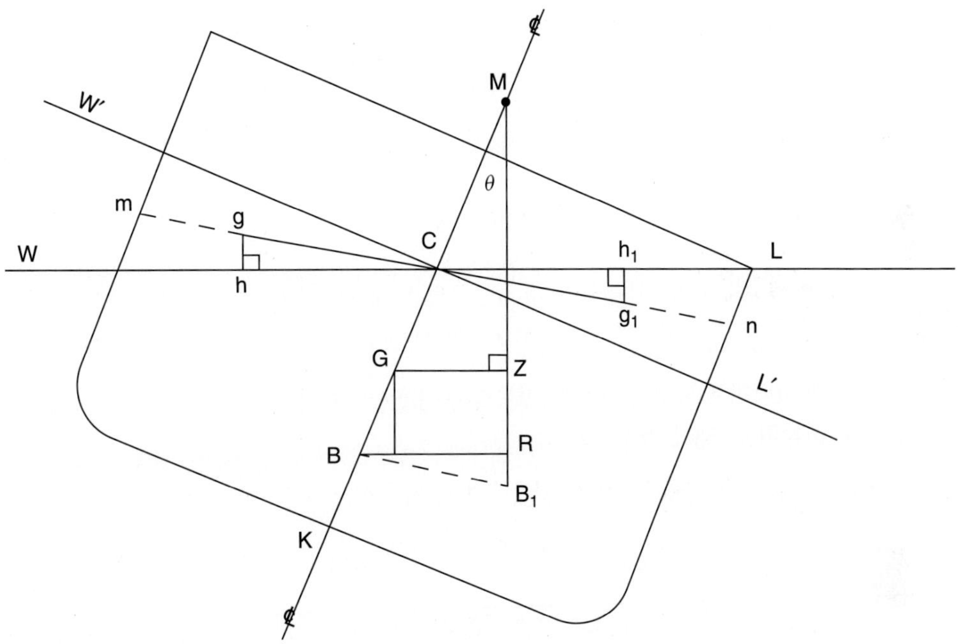

그림 4.8

그리고 n을 LL_1선분의 중앙점이라 가정하면,

$$nL_1 = \frac{b}{2}\tan\theta$$

이제 $v = \frac{1}{2}b^2\tan\theta$

$$BR = \frac{v \times hh_1}{V}$$

$h = \frac{2}{3}$ WL 선에 대한 mn의 투영

$= \frac{4}{3}$ WL 선에 대한 $CL' + L'n$의 투영

(WL 선에 대한 Cn의 투영은 WL 선에 대한 $CL_1 + L_1n$의 투영과 동일하다)

$$hh_1 = \frac{4}{3}\left(b\cos\theta + \frac{b}{2}\tan\theta\sin\theta\right)$$

$$= \frac{4}{3}b\cos\theta\left(1 + \frac{1}{2}\tan^2\theta\right)$$

$$v \times hh_1 = \frac{2}{3}b^3\sin\theta\left(1 + \frac{1}{2}\tan^2\theta\right)$$

$$\frac{v \times hh_1}{V} = BM\sin\theta\left(1 + \frac{1}{2}\tan^2\theta\right) = BR$$

$$GZ = BR - BG\sin\theta \text{ and } BG = BM - GM$$

$$= BM\sin\theta + (\tfrac{1}{2}BM\tan^2\theta\sin\theta) - (BM\sin\theta - GM\sin\theta)$$

$$GZ = \sin\theta(GM + \tfrac{1}{2}BM\tan^2\theta)$$

위 최종식은 '연직현측 공식(wall-sided formula)'으로 알려져 있다

예제 26

어떤 선박이 20도 만큼 기울어져 있다. 이 선박은 고려하고자 하는 흘수에서 수직 측벽으로 되어 있다면, GM이 1.2 m이고 BM은 7.5 m라고 가정하여 이 선박의 복원 모멘트를 계산하라. 이 선박의 배수량은 6000톤이다.

$$GZ = \sin\theta(GM + \tfrac{1}{2}\ BM\tan^2\theta)$$

$$= \sin 20^\circ\left(1.2 + \frac{7.5}{2}\tan^2 20^\circ\right)$$

$$= 0.3420(1.2 + 0.4968)$$

$$= 0.3420 \times 1.6968\ \text{m}$$

$$\text{복원 모멘트} = W \times GZ$$

$$= 6000 \times 0.3420 \times 1.6968$$

$$= 3482\ \text{톤-미터}$$

본 장의 도입부에서 언급된 바와 같이 선박 복원성은 KB, KG, BM 및 GM에 의해 좌우된다. KM = KB + BM이며, KM = KG + GM이다.

B, G 및 M의 상대 위치가 복원성에 미치는 영향

선박이 똑바로 떠있는 모든 경우에 대하여 선박은 평형 상태에 있다고 할 수 있지만 그림 4.9와 4,10의 경우에 대하여만 선박이 안정 상태의 평형에 놓여 있다. 이 경우 GM은 양의 값을 가지고, G는 M의 아래에 위치한다. 외력이 제거되면 선박은 처음의 직립 위치로 도로 돌아가게 된다. 이들 외력은 바람이나 파도에 의해 발생할 수 있을 것이다.

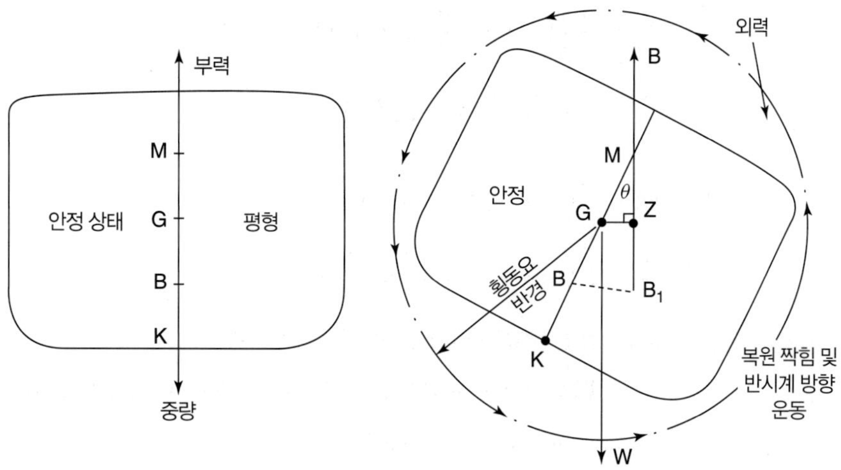

그림 4.9 ▸ 안정 상태 평형

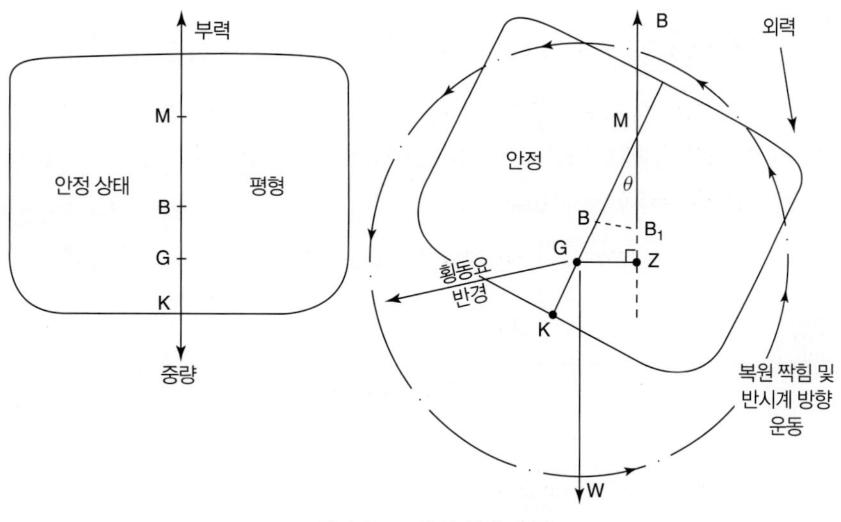

그림 4.10 ▸ 안정 상태 평형

어떤 선박이 안정 상태의 평형을 유지하기 위한 필요 조건은 다음과 같이 요약할 수 있다:

1. 선박의 배수량은 부력으로 인한 연직 상방의 힘과 같아야 한다.

2. 중력과 부력은 동일한 수직선 상에 존재해야 한다.

3. 중심은 메터센터의 아래에 존재해야 한다.

G가 M의 위에 위치하면 불안정 상태가 된다는 것을 안다면, 이러한 불안정 상태에서는 선박이 전복될 것이라고 생각할 수 있다. 다행스럽게도 그렇지 않은 데, 그 이유는 선박이 기울기 시작할 때 그 선박의 수선면의 폭이 증가하기 때문이다. 수선면 폭이 증가하면 BM (BM = I/V, V

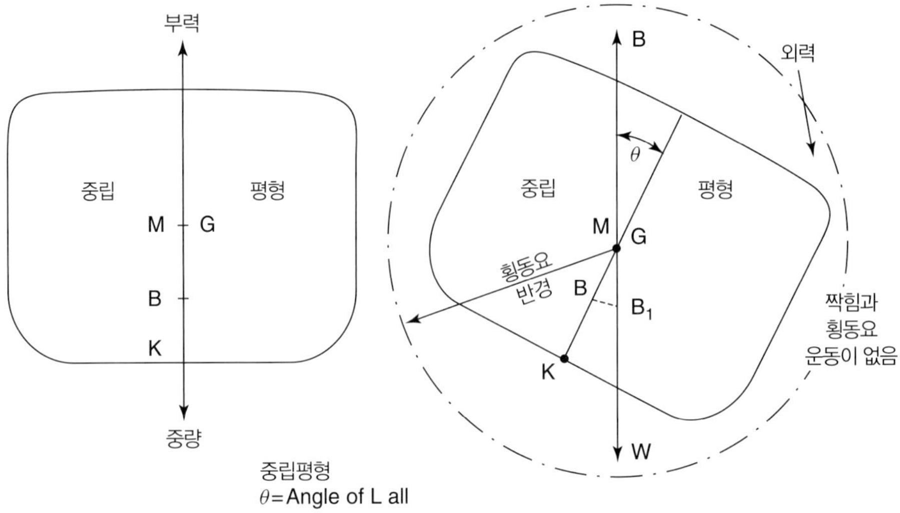

그림 4.11 ▶ 중립평형의 경우 KG = KM, 따라서 GM = 0. 선박은 일정한 각도로 기울어져 그 상태를 유지한다. 이 각도는 "Loll 각"이다. (아래 설명 참조)

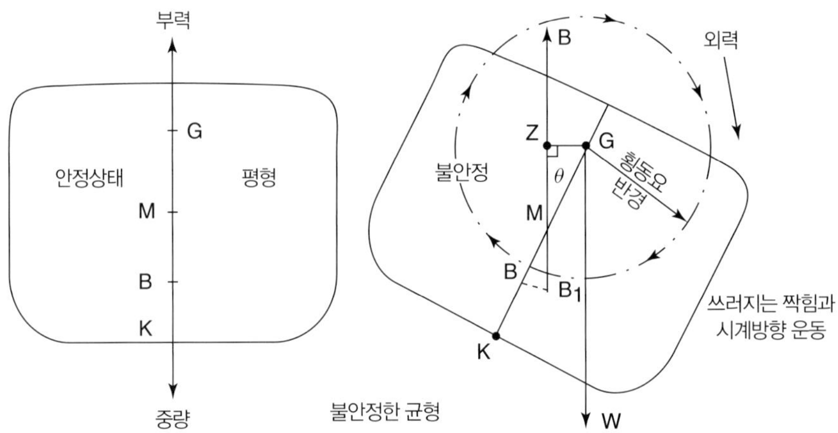

그림 4.12 ▶ 불안정한균형의 경우 M위로 G가 있다. GM의 경우 음 값이다. 외력에 의해 선박이 기울어지거나 전복된다.

는 일정)이 증가하는 데, 이 현상은 궁극적으로 메터센터의 위치가 중심의 위쪽에 놓이게 한다. 선박이 기울어지는 회전운동을 멈추고 양의 복원성을 가진 상태에서 기운 채 정지상태에 있을 때의 경사각을 loll각(선박의 초기 상태에 음의 복원력을 가진 선박이 기울어져 BM의 증가에 의해 양의 복원력을 가지게 되고 더 이상 기울어지지 않고 정지해 있는 상태에서의 경사각)이라 한다. 이 loll 경사각은 그 선박의 새로운 초기 자세(또는 위치)가 되는 데, 이 위치에서 선박이 더 기울 경우 이 새로운 위치로 복원하게 된다. 선박이 이런 loll 경사 위치에 처할 경우 메터센터는 선체 중심선에 있지 않게 됨을 유의해야 한다. 그림 9.9의 S/S 곡선과 더불어 그림 4.13과 4.14에 이러한 현상을 나타냈다.

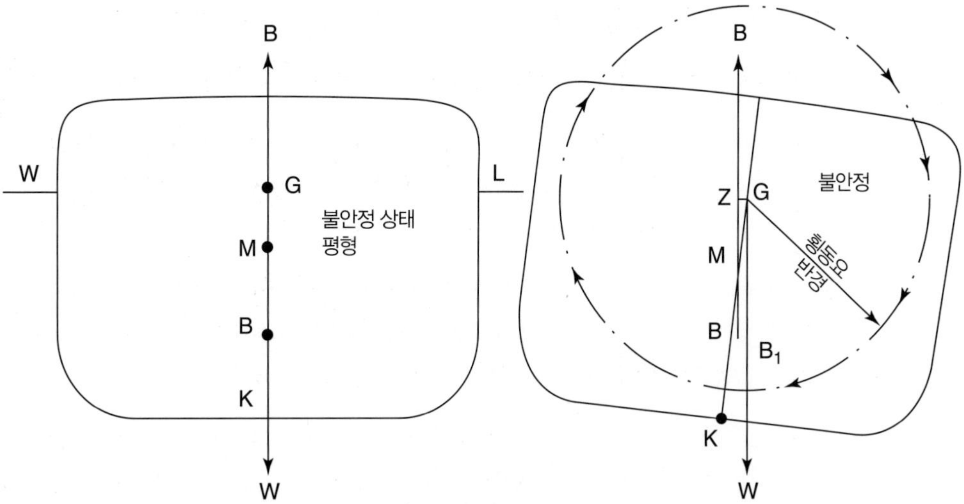

그림 4.13

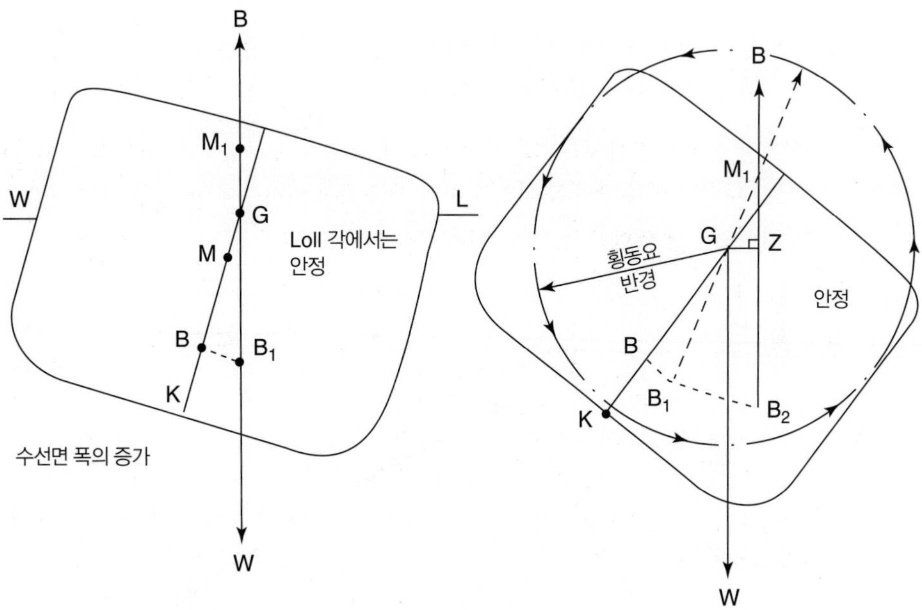

그림 4.14

'연직현측(wall-sided)' 공식에서 GZ에 영을 대입하면(즉, 선박이 Loll 경사되었다면), 다음과 같은 수식이 성립될 수 있다.

$$\tan(\text{loll 각}) = \sqrt{\frac{-2\text{GM}}{\text{BM}}}$$

$$\text{loll 각에서의 GM} = \frac{-2\text{GM}}{\cos(\text{loll 각})}$$

위 두 식의 우변에 있는 GM은 선박이 직립 상태로 떠 있을 경우 음의 값을 가진다.

가장 불안정해질 수 있는 선박은 갑판에 목재 화물을 실어 운반하는 원목 운반선이다.

원목운반선의 이중바닥에 저장된 추진 연료유와 용수를 소비하게 되면 선박의 중심이 상승하게 되고, 악천후에서는 갑판 위에 적재해 놓은 목재가 상당한 양의 물기를 흡수할 수 있다. 어선의 노천갑판(weather deck)에 잔존한 해수가 결빙이 되는 경우에도 중심 G의 위치가 상승하게 된다.

때로는 음의 복원성을 가지는 선박이 평형 상태가 되기까지 경사되는 각도(loll 각)를 줄여야 할 필요가 있다. 아래와 같은 두 가지 조치 중 한 방법에 의해 중심 G의 위치를 낮추는 방법에 의해서만 loll각(음의 복원력, 즉 −GM에 의한 경사)을 감소시킬 수 있다:

(a) 작은 구획으로 나누어진 이중 선저 탱크의 하부를 해수로 채운다. 이 방법은 처음에는 해수의 자유표면 효과로 인해 G가 상승하게 된다(8장 참고). 그러나 탱크를 모두 채우게 되면 G의 위치는 낮아지게 되고, 중량의 분포가 비대칭적으로 이루어졌다면 부가적인 경사(residual list)가 발생할 것이다. 이제 이 부가적 경사에 대응하기 위해서는 상부의 탱크를 채우면 된다.

(b) 상부에 위치한 갑판 화물을 버린다. 이 경우에도 중량의 비대칭 분포를 초래할 수 있어서 부가적 경사(residual list)가 발생한다.

위에서 언급한 방법에서 상부와 하부에 대한 조치가 서로 바뀌어야 할 것처럼 보이지만, 그림 4.5에 나타난 바와 같이 G 위치의 수직 방향 변화는 하부에 하중(화물이나 해수)을 적재하고 상부에서는 화물을 버릴 때 가장 크게 된다.

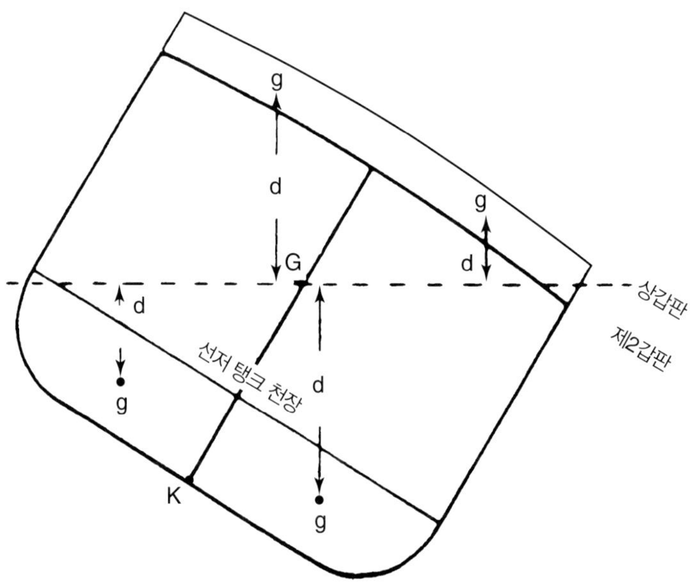

그림 4.15

이후에 횡복원성의 기본 이론이 이후에 제시되는데, 이 이론은 실무나 계산을 수행하기 전 완전히 이해를 해야 한다. Loll 각을 줄이기 위해 해수를 추가로 적재하든지, 화물을 폐기하거나 이동시키는 등의 조치를 취하기 전 반드시 계산을 먼저 해야 한다.

모멘트를 취하는(계산하는) 이론은 16 페이지에서 설명하였다. 수평 방향으로 모멘트를 취하는 예제는 이미 여러 번 주어졌다. 모멘트는 수직 방향으로도 취할 수 있는 데, 방법은 수평 방향으로 모멘트를 취하는 것과 똑같다. 아래에서 이 방법을 설명한다.

용골 (Keel)에 대한 모멘트

(a) 중량 적재

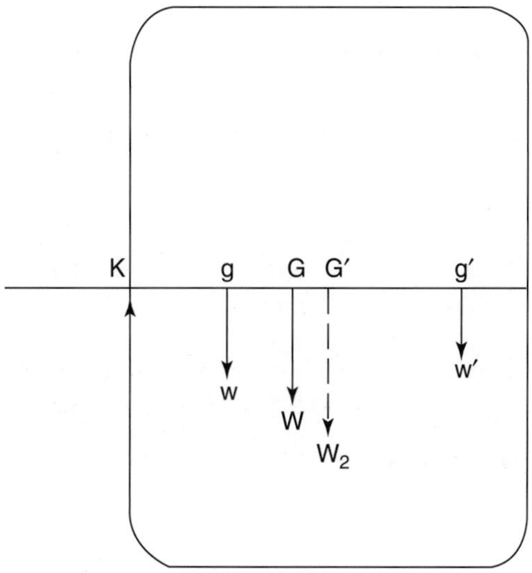

그림 4.16

$W_2 = W + w + w'$

W는 선박의 중량

w, w′는 적재 중량

$$KG' = \frac{\text{K에 대한 모멘트의 합}}{\text{중량의 합}} = \frac{(W \times KG) + (w \times Kg) + (w' \times Kg')}{W_2}$$

(b) 중량 제거

$$W_2 = W - w - w'$$

W는 선박의 중량

w, w′는 제거된 중량

$$KG' = \frac{\text{K에 대한 모멘트의 합}}{\text{중량의 합}} = \frac{(W \times KG) - (w \times Kg) - (w' \times Kg')}{W_2}$$

어떤 선박의 원래의 배수량과 KG가 항상 고려되어야 한다. 이 유의사항은 다음 예제에 나온 중량에 의한 모멘트 계산의 기본이 된다.

예제 27

어떤 선박의 배수량은 13000톤이고 KM은 10.5 m(일정하다고 가정), KG 9.5 m라면, 적재한 화물의 중량과 KG는 다음과 같다: 400톤 KG 2.9 m, 900톤 KG 6.0 m, 1500톤 KG 10.6 m, 2000톤 KG 8.3 m. 그리고 양하(화물을 배에서 내림)한 화물은 다음과 같다: 700톤 KG 1.5 m, 300톤 KG 12.7 m.

만일 이 선박이 위와 같이 화물을 싣고 내린 결과 선박이 8도 만큼 경사가 발생했다면 이때의 정적 복원 모멘트를 계산하라.

중량 (톤)	KG (미터)	모멘트 (톤-미터)
13 000	9.5	123 500
400	2.9	1 160
900	6.0	5 400
1 500	10.6	15 900
2 000	8.3	16 600
−700	1.5	−1 050
−300	12.7	−3 810
$16\,800 = \sum_1$		$157\,700 = \sum_2$

KM = KG + GM.

중량에 의한 모멘트 표

$\sum$ = '합'

$$\text{새로운 KG} = \frac{\sum_2}{\sum_1} = \frac{157\,700}{16\,800}\ \frac{\text{톤-미터}}{\text{톤}}$$

$$\text{KG} = 9.387 \text{ 미터}$$

$$\text{KM} = 10.500 \text{ 미터}$$

$$\therefore\ GM = +1.113 \text{ 미터}$$

$$\text{정적 복원 모멘트} = \text{W} \times \text{GM} \times \sin\theta$$
$$= 16\,800 \times 1.113 \times \sin 8^\circ$$
$$= 2602 \text{ 톤-미터}$$

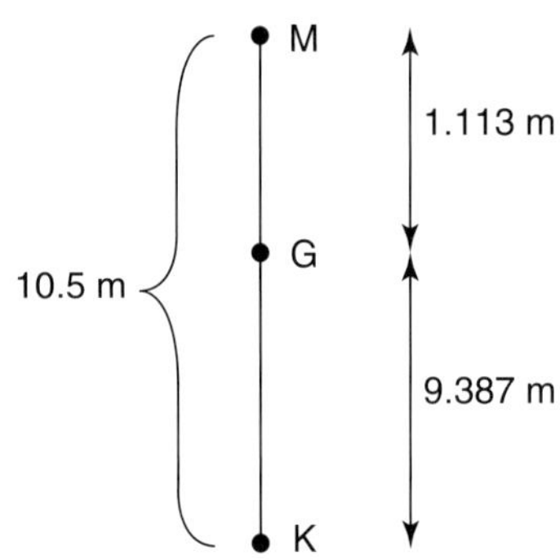

예제 28

배수량이 5800톤이고 KM이 7.0 m, KG가 6.0 m인 선박의 갑판에 화물을 적재하면 그 화물의 KG는 11.0 m가 된다. 이 선박의 GM이 0.75 m 이하가 되지 않게 하는 최대 화물량은 얼마인가?

갑판 상에 적재되는 화물의 양이 w 톤이면, $\sum$ = '합'

킬(선저 용골)에 대하여 모멘트를 취하면 다음과 같다.

중량	KG	모멘트
5800	6.0	34800
w	11.0	11w
$(5800 + \text{w톤}) = \sum_1$		$(34\,800 + 11\text{w}) = \sum_2$

$$\begin{aligned} \text{KM} &= 7.00\,\text{m} \\ \text{새로운 GM} &= 0.75\,\text{m} \\ \text{새로운 KG} &= 6.25\,\text{m} \\ \text{because KM} &= \text{KG} + \text{GM}. \end{aligned}$$

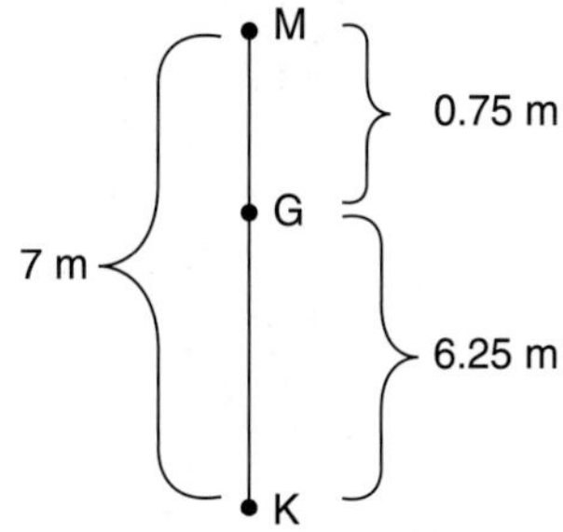

$$\text{New KG} = \frac{\sum_2}{\sum_1}$$

$$6.25 = \frac{(34\,800 + 11\text{w})}{(5800 + \text{w})}$$

$$36\,250 + 6.25\text{w} = 34\,800 + 11\text{w}$$

$$4.75\text{w} = 1450$$

$$\text{w} = 305\text{톤}$$

선박의 중심(Center of Gravity)에 대한 모멘트

중량의 수평 이동을 취급할 때는 선박의 무게 중심에 대하여 모멘트를 취하는 것이 항상 편리하다. 중량을 연직방향으로 이동시킬 때에도 선박의 무게 중심에 대하여 모멘트를 취할 수 있겠지만, 단 한 개의 중량이 이동하는 경우가 아니라면 킬에 대하여 모멘트를 취하는 것이 언제나 더 쉽다.

그림 4.17에서 AB는 총중량 W 톤이 무게 중심을 관통하여 작용하는 선박을 표현한 것이다. 어떤 화물의 중량 w가 선박의 무게 중심 G에서 d 만큼 떨어진 지점에 위치한다고 가정해 보자. 이 경우 선박의 무게 중심 G에 대하여 모멘트를 취해 보면 다음과 같다.

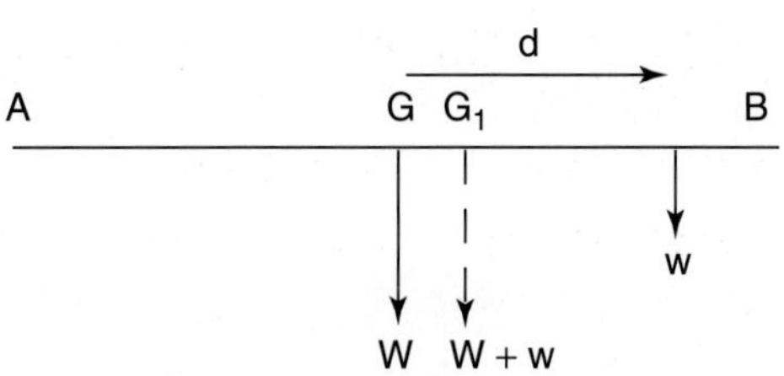

그림 4.17

무게	거리	모멘트
W	0	0
w	d	$w \times d$
$W + w$		$w \times d$

두 모멘트를 취한 점(G)에서 새로운 무게 중심점(G_1)까지의 거리. 이것을 선박 무게 중심 G의 이동 또는 GG_1이라 한다. $= \dfrac{\text{모멘트의 합}}{\text{중량의 합}}$

$$\text{즉, } GG_1 = \frac{w \times d}{W + w}$$

화물을 내리든지 이동시키는 경우에도 이와 유사하게 선박 무게중심의 이동에 대한 수식 표현을 얻을 수 있다. 아래에서 이들 경우에 대한 수식 표현을 요약하였다.

선박 무게 중심 G의 이동(즉 GG_1)

화물을 적재할 때

$GG_1 = \dfrac{w \times d}{W + w}$ 여기에서 W는 화물을 적재하기 전의 선박 배수량
w는 적재 화물의 중량
d는 원래의 선박 무게 중심에서 화물의 적재 위치까지의 거리

G는 언제나 *화물의 중량* 가까이 *쪽으로 이동*한다는 것을 유념하라.

화물을 내릴 때

$GG_1 = \dfrac{w \times d}{W - w}$ 여기에서 W는 화물을 내리기 전의 선박 배수량
w는 내린 화물의 중량
d는 이전 선박 무게중심에서부터 내린 화물이 있던 위치까지의 거리

G는 언제나 내린 *화물의 중량* 위치에서 먼 *쪽으로 이동*한다는 것을 유념하라.

화물을 이동시킬 때

$GG_1 = \dfrac{w \times d}{W}$ 여기에서 W는 선박 배수량(이동시킨 화물을 포함)
w는 이동시킨 화물의 중량
d는 화물이 이동된 거리

G는 언제나 화물이 이동시킨 방향으로, 그리고 평행하게 이동한다는 것을 유념하라.

예제 28(A)

앞의 예제 28을 다시 풀어 보도록 한다. 모멘트를 G에 대하여 취하면,

갑판 위 화물의 KG	11.0 m	KM	7.00 m
선박의 KG	6.0 m	KG	6.00 m
d =	5.0 m	현 상태에서의 GM	1.00 m
		요구되는 GM	0.75 m
		GG_1 =	0.25 m 상방향

갑판 상에 적재할 화물의 중량이 w톤이면

$$GG_1 = \frac{w \times d}{W + w}$$

$$0.25 = \frac{w \times 5}{5800 + w}$$

$$1450 + 0.25w = 5w$$

$$w = \frac{1450}{4.75}$$

$w =$ *305* 톤(예제 28에서 구한 값과 동일)

이제 그림 4.18(a)에서 4.18(d)에서와 같이 중량을 선체 중심선에서 벗어난 지점에 적재할 때 복원성에 미치는 영향을 알아보도록 한다.

아래 그림 4.18(a)에는 중력과 부력이 동일한 수직선 상에 놓여 있다. 그림 4.18(b)에서는 중량 w가 적재됨에 따라 G가 G1으로 이동하였는데, 이것은 중력과 부력이 더 이상 동일한 수직선 상에 놓여 있지 않게 됨을 의미한다. 실제로 이 두 힘은 전복 모멘트를 발생시키게 된다. 이 모멘트는 선박이 그림 418(c)의 위치에 도달하게 하는데, 이 상태에서 부력과 중력은 다시 동일 수직선 상에 놓이게 된다. 이제 선박은 최종적인 위치(또는 자세)에서 새로운 평형상태에 이르게 된다.

$$\text{또한 } CG_1 = GM \tan\theta$$

화물을 적재하거나 내릴 때, 또는 중량물을 선체 중심선에서 벗어나게 이동시킬 때 발생하는 선박 무게 중심 G의 이동은 언제나 수직 성분과 수평 성분으로 분해할 수 있다.

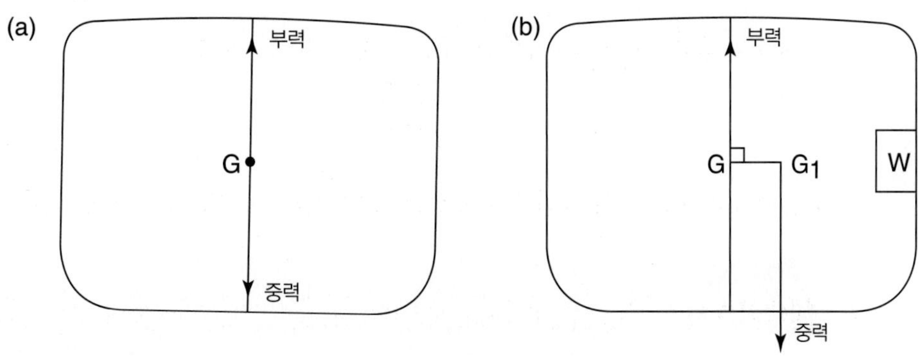

그림 4.18

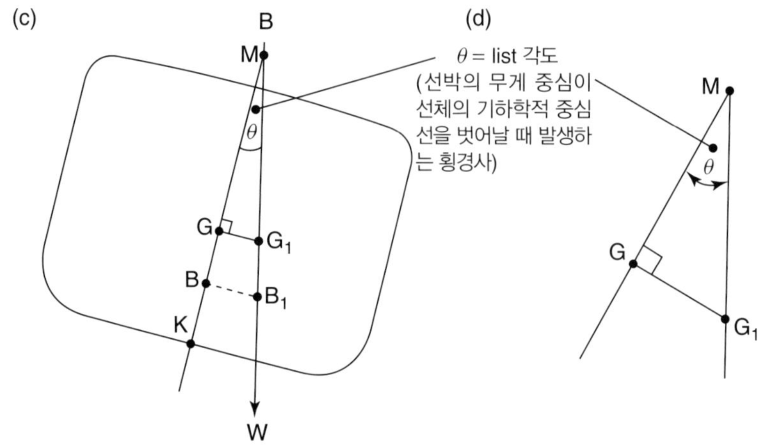

그림 4.18 ▸ (계속)

예제 29

배수량이 6500톤인 어떤 선박의 KM은 7.2 m이고 KG는 6.8 m이다. 100톤의 중량물이 좌현 쪽으로 2.3 m, 상방향으로 3.9 m 이동시켰다. 이 선박이 초기에 똑바로 떠 있었다고 하면 이 중량물의 이동으로 인해 발생되는 횡경사각을 계산하라.

$$GG_1 = \frac{w \times d}{W}$$

수직방향 이동 ↑으로부터 계산

$$\begin{aligned} GG_1 &= \frac{100 \times 3.9}{6500} \\ &= 0.06\,\text{m rise} \uparrow \\ KG &= 6.8\,\text{m} \\ KG_1 &= 6.86\,\text{m} \\ KM &= 7.20\,\text{m} \\ G_1M &= +0.34\,\text{m} \end{aligned}$$

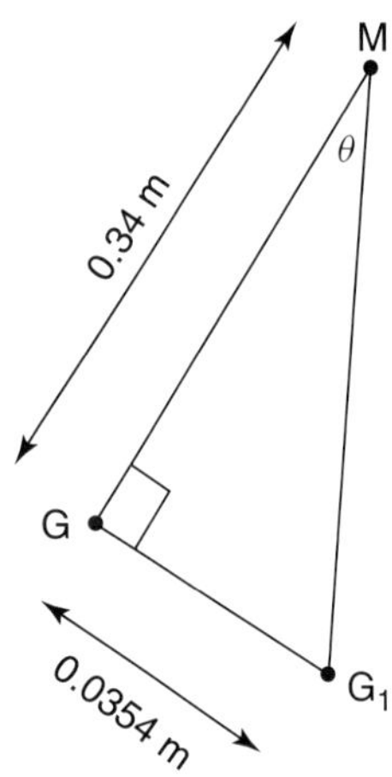

그림 4.19

수평방향 이동 →으로부터 계산

$$\begin{aligned} GG_1 &= \frac{100 \times 2.3}{6500} \\ &= \overrightarrow{0.0354\,\text{m}}\ \text{to port} \\ \text{Tan}\,\theta &= \frac{GG_1}{GM} \\ &= \frac{0.0354}{0.34} = 0.1041 \end{aligned}$$

θ = 5.94° (좌현 쪽으로 경사)

예제 30

배수량이 7800톤인 어떤 선박의 선체 중심선 상에서 계측한 KM은 6.8 m이고, KG는 6.0 m인데, 이 선박이 우현 쪽으로 4° 만큼 기울어졌다. 400톤의 화물이 갑판 사이의 공간에 적재될 예

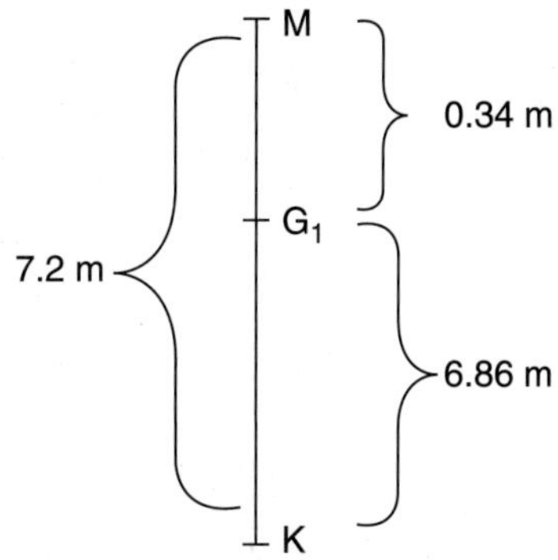

그림 4.20

정인 데, 화물의 KG는 6.0 m이다. 선체 중심선에서 좌현 쪽으로의 공간은 5.5 m, 우현 쪽으로는 3.0 m의 공간이 있다. 화물의 적재를 완료한 후 선박이 똑바로 떠 있게 하려면 각 공간에 각각 얼마만큼의 화물을 적재해야 하는지를 계산하라.

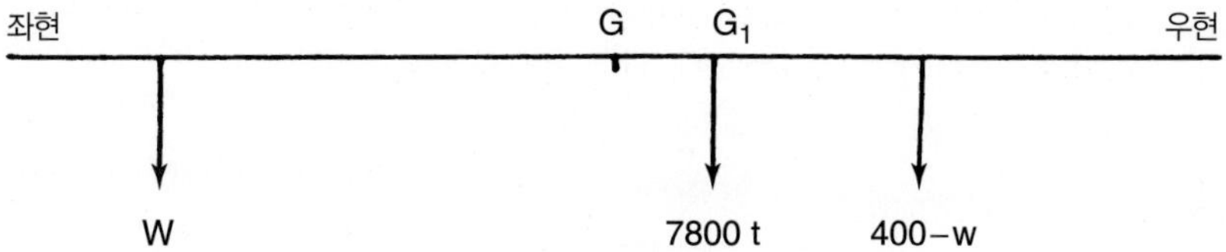

그림 4.21

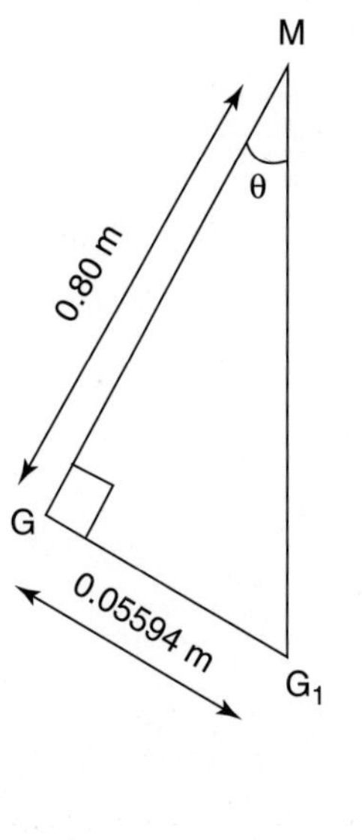

KM	6.8 m
KG	6.0 m
GM	0.8 m

$$GG_1 = GM \tan\theta$$

$$GG_1 = 0.8 \tan 4°$$

$$\therefore GG_1 = 0.05594\,\text{m}$$

그림 4.22

좌현 쪽에 적재할 화물의 중량을 w라 한다면 우현 쪽에 적재해야 할 화물의 중량은 (400 − w)이 될 것이다. 선박이 똑바로 떠 있게 하려면 선체 중심선 양쪽에서의 모멘트가 같아야 할 것이다.

$$\text{즉,}\quad 5.5w = (7800 \times 0.05594) + 3(400 - w)$$

$$5.5w = 436.33 + 1200 - 3w$$

$$w = \frac{1636.33}{8.5} = 192.5\text{톤}$$

즉, 좌현 쪽에는 192.5톤의 화물을, 우현 쪽에는 207.5톤의 화물을 적재해야 한다.

이런 류의 연습 문제를 풀 때는 상황에 대한 스케치를 해보면 무엇을 해야 할지를 파악하는 데 많은 도움이 된다. 적재하는 화물은 아래 방향 화살표로 표시하고, 양하 화물(배에서 내리는 화물)은 위 방향 화살표로 표시하라.

또 한가지 유용한 기법은 4~5 cm의 연직선을 세우고 그 위에 KB, KG, KM 등을 표시하는 것이다. 이들 값들이 계산하였으면 그 값을 이 연직선에 기록하라. 이에 관한 예를 그림 4.20에 나타내었다.

CHAPTER 04

횡 복원성(제2부)

Transverse Stability (Part 2)

매달린 중량물의 원리

선박에 설치된 기중기에 어떤 중량물이 매달려 있을 때 그 중량물의 무게 중심은 *기중기의 머리*(*derrick head*)에 위치해 있는 것으로 간주할 수 있다. 그리고 그 중량물이 매달려 있는 한 그 무게 중심은 기중기의 머리에 위치하게 된다. 다시 말해서 그 중량물이 갑판 위로 1 cm 위에 있는가 10 m 위에 있는 가에 상관없이 그 중량물의 무게 중심은 기중기의 머리에 있는 것으로 간주한다.

예제 31

배수량이 9920톤이고 KM이 7.8 m인 선박에 KG가 13.5 m인 화물을 선체 중심선에서 5.5 m 지점에 적재하고자 하는 데, 사용하고자 하는 기중기는 머리의 높이가 선저 킬로부터 21.0 m이고 최대 운전 반경은 선체 중심선으로부터 15 m이다. 만일 적재 후 선박의 횡경사(선체 중심선에서 벗어난 위치에 화물을 위치시켰을 때 발생하는 선체의 횡경사이므로 list라고 부른다)가 5°를 넘지 않게 하려면 적재 전 이 선박의 KG의 최대값은 얼마가 되어야 하는가? (화물은 선체 중심선에 가까운 안쪽으로 먼저 적재한다)

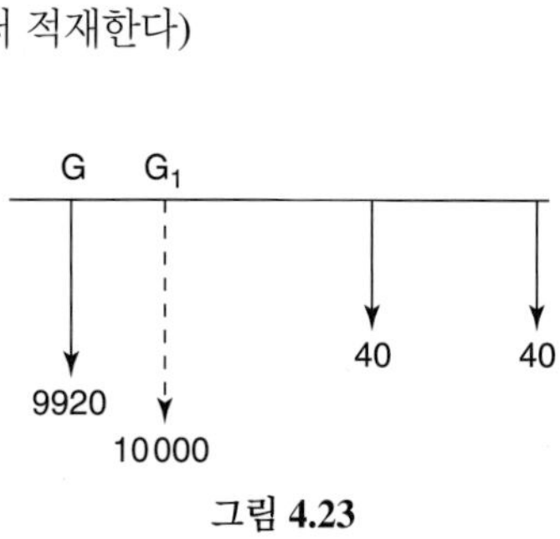

그림 4.23

먼저 수평 방향의 G의 이동을 계산한다.

최대 횡경사(list)가 생겨날 때 선체 중심선에 대하여 모멘트를 취한다(그림 4.24 참조).

중량	거리	모멘트
9920	0	0
40	5.5	220
40	15.0	600
$10\,000 = \sum_1$		$820 = \sum_2$

$\sum =$ '합'

$$GG_1 = \frac{\sum_2}{\sum_1} = \frac{820}{10\,000} = 0.082\ \text{m}$$

$$GM \tan\theta = GG_1$$

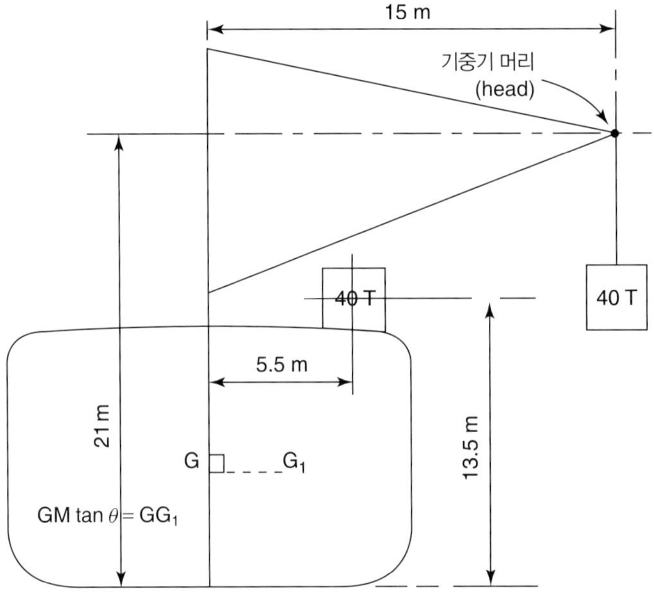

그림 **4.24**

$$GM \tan 5^\circ = 0.082$$

$$\therefore\ GM = 0.9373\ \text{m}$$

$$KM = 7.800\ \text{m}$$

$$KG = KM - GM$$

$$= 7.800 - 0.9373$$

$$\therefore\ KG = 6.8627\ \text{m}$$

선저 킬에 대하여 모멘트를 취해 보도록 한다…… 원래의 KG가 x 미터 지점에 있었다고 하자.

중량	KG	모멘트
9920	x	9920x
40	13.5	540
40	21.0	840
$10\,000 = \sum_3$		$(9920x + 1380) = \sum_4$

$$\text{최종적으로 KG} = \frac{\sum_4}{\sum_3}$$

$$6.8627 = \frac{(9920x + 1380)}{10\,000} \qquad \text{그러므로 } x = 6.779 \text{ 미터인데 } 6.78 \text{ m라 하자.}$$

지금까지의 예제에서는 선박의 무게 중심이 항상 주어졌다. 이 무게 중심은 원래 어떻게 계산되었을까? 철판의 무게, 목재 의장품의 무게 및 기계류의 무게 등의 모든 중량에 다한 정보를 이용하여 계산할 수 있었을 것이다. 이 작업은 매우 많은 노동력과 시간을 투입해야만 한다.

실제로는 조선소에서 그 선박을 건조하여 인도하기 며칠 전에 경사시험을 수행하여 선박의 무게 중심의 위치를 알아 낸다.

경사시험 또는 복원성 시험

선박의 경하중량(화물이나 청수 등을 적재하지 않은 빈 상태에서의 선박의 중량), 이 경하중량에서의 VCG, 그리고 이 경하중량에서 선체 중앙에 대한 LCG를 찾아내기 위하여 경사시험을 수행한다. 경사시험 시 주요 목표는 선박의 경사 시 GM을 추정하는 것이다. VCG는 KG와 동일함을 기억하라.

선박의 경사 시 유체정역학 정보에서 그 선박의 배수량과 KM을 알 수 있다. 이 KM과 경사시험에서 추정한 GM의 차를 알면 그 선박의 경사 시 KG를 구할 수 있게 된다. 유체정역학으로부터 그 선박의 경사 시 선체 중앙에서부터 위치한 LCB도 구할 수 있다. 트림 계산을 이용하면 그 선박의 경사 시 LCG를 구할 수 있다.

경사시험 시에는 선박의 건조가 완료된 상태가 아니기에 각 추정치에 대하여 보정을 해야만 한다. 중량물을 선상에 적재하고 이후 그 중량물은 배에서 내려야만 한다. 이러한 중량 계산을 거쳐 최종적인 경하중량과 그에 대한 VCG와 LCG가 얻어진다.

경사시험에서는 해치 코밍에서 추를 매단 줄이 선체 중심선에 맞춰 해치 코밍 하부의 화물창 격실로 내려지는데, 이 격실의 하부에는 눈금이 매겨진 널빤지가 수평으로 설치되어 있다. 상갑판 상에서 횡방향으로 5톤에서 15톤 사이의 중량(선박의 크기에 따라 달라짐)을 이동시킨다. 그림

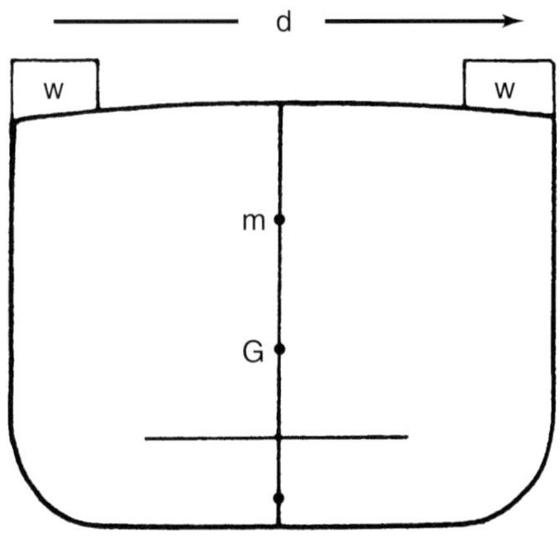

그림 4.25

4.25를 참조하라. 이 중량의 이동은 선박을 기울게 할 것이고, 그 결과 추를 매단 줄은 눈금이 새겨진 널빤지를 횡방향으로 이동하게 된다. 이렇게 하여 그림 4.26과 4.27에 나타난 바와 같이 선박이 기울어진 각도를 계측하게 된다.

계측 결과의 정확도를 높이기 위하여 선수와 선미 양쪽에 추를 설치하여 사용한다. 또한 한 개의 눈금 널빤지에 4개 씩 총 8개의 중량을 사용하여 두 목재 눈금자에서 8개의 계측치를 얻을 수도 있다. 이들의 평균 값으로 구한 평균 경사각을 GM의 계산에 이용하게 된다. 예제 32를 보라.

경사시험 결과의 신뢰성을 확보하기 위해서는:

1. 경사시험을 실시하기 전에 선박은 똑바로 떠 있어야 한다.
2. 시험장소에는 바람이 아주 약하게 불거나 없어야 한다.
3. 계류삭(moorings)은 느슨하게 해야 하고 선박이 거치된 안벽이나 도크에는 다른 물체가 없이 비워져야 한다.

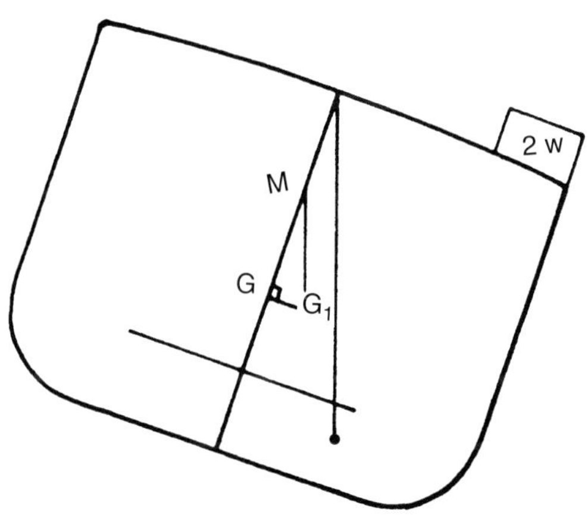

그림 4.26

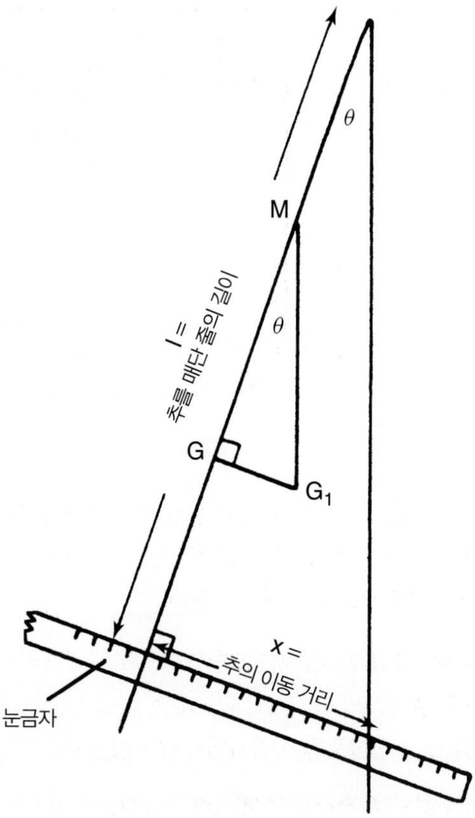

그림 4.27

4. 자유수면이 존재하는 유체는 절대적으로 최소화해야 한다. 선박 내부의 완전히 채우지 않은 탱크는 비우거나 가득 채워야 한다.

5. 각 VCG 및 LCG에 대하여 중량을 더해 주거나 빼준 이력을 철저히 기록해야 한다.

6. 경사시험에 직접적으로 관련된 작업자 만이 선상에 탑승해야 한다. 만약 수작업으로 갑판 위에서 중량을 이동시킬 경우 수작업을 실시하는 작업자는 추의 이동을 계측하는 동안 선체 중심선 상에 위치해야 한다.

7. 선박이 떠 있는 물의 밀도는 선수부, 중앙부 및 선미부에서 측정해야 한다. 이 물의 밀도는 선박의 배수량 W을 톤으로 추정하는 데 이용된다.

$$\frac{GM}{GG_1} = \frac{\text{추를 매단 줄의 길이}}{\text{추의 이동거리}} \quad \text{(상사 삼각형)}$$

$$\text{그러나 } GG_1 = \frac{w \times d}{W}$$

$$\text{그러므로 } GM = \frac{(w \times d \times \text{추를 매단 줄의 길이})}{(W \times \text{추의 이동거리})} \qquad \text{즉 } GM = \frac{w \times d}{W \tan\theta}$$

예제 32

배수량이 5300톤이고 KM이 7.7 m인 어떤 선박에서 10톤의 중량물(또는 화물)을 16 m 만큼 이동시켰을 때 길이 12 m의 추가 이동한 거리는 33.25 cm이었다. 이 선박의 KG와 경사각 θ는 얼마인가?

$$\mathrm{GM} = \frac{\mathrm{w} \times \mathrm{d}}{\mathrm{W}\tan\theta}$$

$$\therefore \mathrm{GM} = \frac{10 \times 16 \times 12 \times 100}{5300 \times 33.25}$$

$$\therefore \mathrm{GM} = 1.09\,\mathrm{m}$$

$$\mathrm{KM} = 7.70\,\mathrm{m}$$

$$\mathrm{KG} = 6.61\,\mathrm{m}$$

$$\tan\theta = \frac{\mathrm{x}}{\mathrm{l}} = \frac{33.25}{1200} = 0.0277 \quad \therefore \theta = 1.59^\circ$$

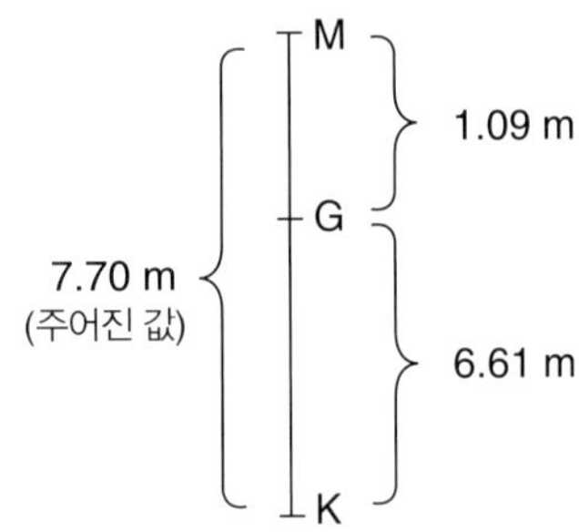

최대 허용 적재 중량-모멘트 곡선

이 곡선은 배수량에 대한 최대 적재 중량 모멘트의 관계를 나타낸 그래프이다. 그림 4.28에 이 곡선의 전형적인 예를 그렸는데, 연직 세로축에는 선박의 흘수를 중첩하여 표시하였다. 적재중량 모멘트는 선저 킬에 대하여 계산한 것이다. 이 선박의 경하중량은 370톤임을 유의하라.

모든 배수량에서의 총 적재중량은 그 어떤 상황에서라도 그 배수량에서의 최대 적재중량 모멘트를 초과하지 않아야 함을 인식하는 것이 매우 중요하다. 다시 말해서 그림 4.28에서 x, y 교차점이 빗금 친 음영 영역에 놓이지 않아야만 한다. 만일 교차점이 음영 영역에 놓이게 된다면 그 선박은 복원력이 부족하다는 것을 의미하는 것이다.

예를 들어, 만일 배수량이 1000톤이면 적재중량 모멘트가 1200 톤-미터의 경우는 허용이 된다. 그러나 적재중량 모멘트가 1480 tm인 경우는 복원력의 부족을 의미하는 것이어서 허용될 수 없다. 적재중량 모멘트가 1375 tm인 경우는 겨우 허용되는 모멘트 값이라 할 수 있다.

이 모멘트 값 1375 tm에 대하여 최대 KG 값이 요구되는 상황이면 아래와 같이 간단히 그 값을 계산할 수 있다:

$$\text{적재 중량에 대한 최대 KG} = \frac{\text{적재중량 모멘트}}{\text{적재중량}} = \frac{1375}{(1000 - 370)}$$

(↑ (배수량-경하중량))

$$\therefore \text{dwt KG} = 2.18\ \text{m 선저 기선 상방향}$$

예제 33에 관련된 계산과 더불어 적재중량 모멘트 곡선의 사용 예를 예시하였다.

예제 33

적재중량 모멘트 곡선의 이용

그림 4.28의 사용: 간략화된 복원성–적재중량 모멘트 곡선의 관계(다이어그램에 찍혀 있는 모든 점은 문제 풀이 과정에서 직접 구해 보도록 하라.)

화물 적재 시 선박의 배수량은 1175톤이다.

현재 선박의 상황은: 배수량 800톤.
적재중량 모멘트는 600 tm.
적재할 화물은: KG가 2.8 m이고 250톤.

상기 조건으로부터:

최대 허용 적재중량 모멘트 곡선(선저 킬 기준)

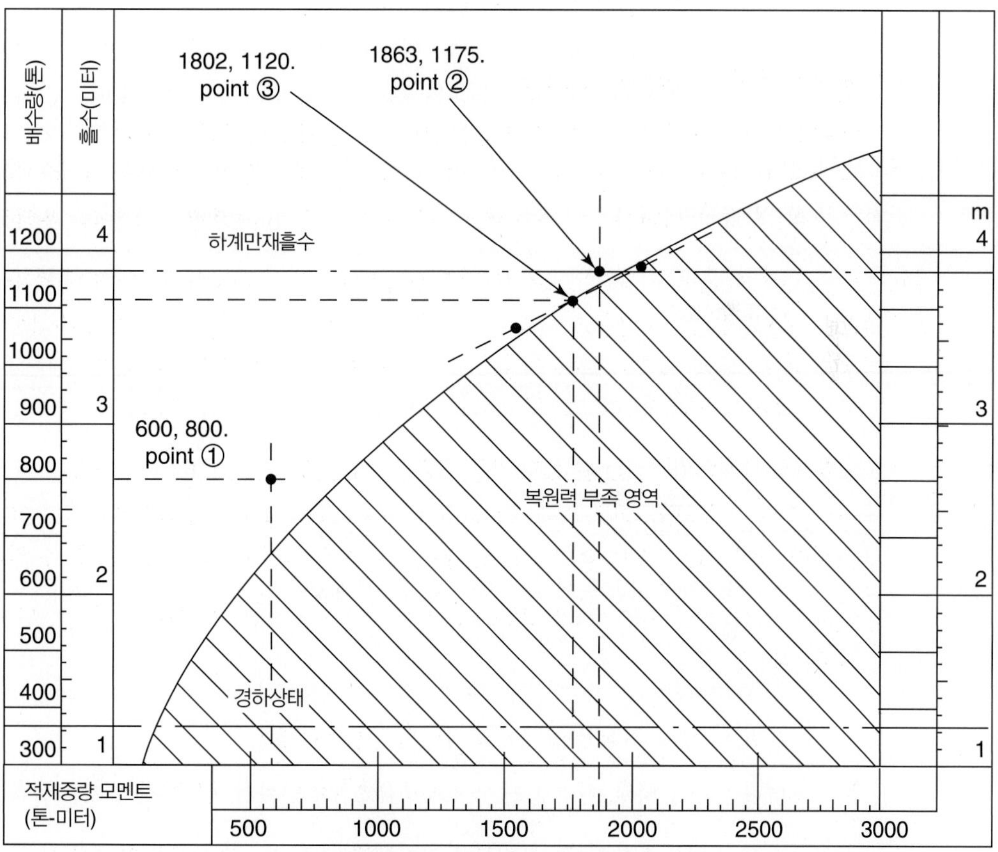

하계 만재 배수량 1175톤, 경하 상태 배수량 370톤

그림 4.28

(a) 복원성이 만족되도록 적재할 수 있는 KG가 4.5 m인 화물의 최대 중량.

(b) 항해 시 KG가 1.6 m인 30톤의 연료와 용수를 소비할 것으로 예상하는 데 이 연료와 용수는 100 tm의 자유 표면 모멘트를 발생시킨다. 하역을 할 항구에 도착 시 복원성이 적절한 수준이 되게 하기 위해 적재 가능한 KG가 4.5 m인 화물의 최대 중량을 결정하라.

풀이

(a)

항목	*중량*	*KG*	*적재중량 모멘트*
현 상태(주어진 값)	800	–	600. . . 그림 4.28의 point 1
화물	w	4.5	4.5w
화물	250	2.8	700
	(1050 + w)		(1300 + 4.5w)

w = 125 t라 하면: W = 1050 + 125 = 주어진 총 배수량 1175 t.
w =125 t이라면 ∴ W = 1175t이고 적재중량−모멘트 = 1863 t · m.

이것은 그림 4.28의 적재중량−모멘트 곡선에서 Point 2로 나타낼 수 있고 복원성을 만족함을 알 수 있다. 그러므로 KG가 4.5 m인 125t의 화물 w는 적당하다고 할 수 있다.

(b)

항목	*중량*	*KG*	*적재중량 모멘트*
현 상태(주어진 값)	800	–	600
화물	250t	2.8	700
연료 및 용수	−30t	1.6	−48
자유표면 효과	–	–	+100
화물	+w	4.5	4.5w
	(1020 + w)		(1352 + 4.5w)

중량 w에 대입하면:

w = 50톤이면 1070톤이 되는 데, 이 경우 적재중량 모멘트는 1577 t · m이므로 양의 복원성

w = 150톤이면 1170톤이 되는 데, 이 경우 적재중량 모멘트는 2027 t · m이므로 부적절한 복원성

w = 100톤이면 1120톤이 되는 데, 이 경우 적재중량 모멘트는 1802 t · m이므로 교차점임. (그림 4.28의 Point 3을 보라)

이들 좌표를 그림 4.28에 찍어 보라. 곡선과의 교차점을 관찰하고 이들의 궤적을 살펴 보라.

요약: 100톤의 화물을 KG 4.5 m 지점에 적재할 수 있는 데, 이는 이들 액체를 항해 중에 소비함으로 G가 상승함과 더불어 자유표면 모멘트가 발생하기 때문이다.

횡동요

이제 독자는 선박의 복원성은 복원 모멘트에 좌우되며 이 복원 모멘트는 GZ 또는 배수량을 변경하면 이에 따라 변화하게 되는 것을 알게 될 것이다.

이들 중 어떤 원인에 의해 복원 모멘트가 변화하는 지에 상관 없이 이 복원 모멘트의 변화는 선박의 횡동요 주기에 영향을 미치게 되는 데 이에 대한 설명은 다음과 같다.

파의 주기란 고정된 지점을 연속적으로 지나가는 파정(또는 파저) 간의 시간을 초 단위로 나타낸 것이다.

파의 겉보기 주기(Apparent wave period)란 선상에 있는 관측자를 연속적으로 지나가는 파정(또는 파저) 간의 시간을 초 단위로 나타낸 것이다.

선박의 횡동요 주기란 선박의 횡동요 1회(예를 들어 좌현–우현–좌현)에 소요된 시간을 초 단위로 나타낸 것이다. 횡동요 주기는 T_R로 표기한다.

만일 선박의 정수 중에서의 횡동요 주기와 겉보기 파 주기가 일치하면 위험한 사태가 발생할 수 있다. 이것을 공진 현상(Synchronism)이라 하는 데, 이 현상이 지속되면 선박이 전복될 수도 있다.

선박의 횡요 운동은 진자(pendulum)의 운동과 유사한 것에 주목해야 하는데, 이러한 배경 아래 정수 중에서의 선박의 횡동요 주기에 대한 수식을 다음과 같이 얻을 수 있다:

$$\text{정수 중에서의 선박 횡동요 주기 } T_R = 2\pi\sqrt{\frac{k^2}{GM \cdot g}}\text{초.}$$

$$\frac{\pi}{\sqrt{g}} \simeq 1.\text{ 그래서 근사적으로 } T_R = 2\sqrt{\frac{k^2}{GM}}\text{초.} \qquad \text{그러므로 근사적으로 } T_R \propto \frac{1}{\sqrt{GM}}$$

여기에서 k는 회전관성반경(radius of gyration)이다. 화물을 선체 중심선에서 멀리 떨어진 위치에 적재할수록 이 관성 반경은 증가하게 된다. 또한 g는 중력 가속도이며, GM은 미터로 나타낸다.

k는 0.35 × 형폭, 즉 0.35B로 추정하여 계산에 이용할 수 있다.

회전관성반경이 일정하다면 GM을 증가시키거나 감소시킴으로써 횡동요 주기를 변경시킬 수 있다. 대체로 선박의 횡동요 주기가 파의 주기보다 크므로 GM을 증가시키는 경우에는 횡동요 주기가 파 주기에 가깝게 되어 공진이 발생할 수가 있다. 작은 GM이 큰 GM 보다 안전하게 보일 수 있다. *GM이 작을 경우*에는 확실히 선박이 운동하기 더 쉽고 하고 더 안락하지만, 그 선박은 '*무른(tender)*' 상태가 되어 화물이나 평형수를 이동시키게 되면 불안정해 진다. *GM이 큰 경우*는 선박은 '*딱딱한(stiff)*' 상태가 되어 불편하고 파랑 중에서 격한 운동을 하게 된다. 그렇지만 화물이나 평형수의 이동이 적절하게 이루어진 경우 큰 GM은 작은 GM 보다 더 안전하다고 말할 수 있다.

선박 횡동요 주기 T_R의 예:

'무른(tender) 선박' = 30 ~ 35초

'딱딱한(stiff) 선박' = 8 ~ 10초

'안락한(comfortable) 선박' = 20 ~ 25초

합리적인 GM의 값은 어느 정도일까? 아래 표에 여러 선형에 대하여 전형적인 만재 시 GM 값을 열거하였다.

선형	*만재 시 GM*
일반 화물선	0.30 m ~ 0.50 m
유조선(VLCC 까지)	0.30 m ~ 1.00 m
컨테이너 운반선	약 1.5 m
자동차 운반선	약 1.5 m
광석 운반선	2 m ~ 3 m
모든 선형	최소 GM = 0.15

화물의 적재 시 화물은 선체 중심선에서 멀어지는 방향으로 적재 되어져야 하며 선체 중심선에 집중되어서는 안된다. 이러한 화물 적재 방식도 선박의 횡동요 주기에 영향을 미치지만 GM과 같은 정도로 영향을 미치는 수준은 아니다.

만일 어떤 선박이 운항 중 공진 현상의 징조가 보이면 선박의 진행 방향이나 속도를 변경하여 파의 겉보기 주기를 바꿔야만 한다.

어떤 선박이 횡동요 운동을 할 때 횡요각이 증가한다면 횡동요 공진 현상이 시작되어 공진이 진행 되고 있다는 것을 인지할 수 있다. 공진이 발생했을 경우 매번의 진동(횡요운동의 반) 마다 이 횡요각은 파의 기울기의 1.5 배 만큼씩 증가하게 된다. 공진 상태에서는 이 횡요각은 빠른 시간 내에 위험한 한계에 도달한다는 것을 알게 될 것이다.

자이로 형태나 횡요 저감 탱크 형태의 횡요 안전 장치의 작동에 관한 논의는 본서의 범주를 벗어나므로 더 이상 언급하지 않을 것이다. 유압 핀 형태의 횡요 안정장치는 선박의 횡동요 운동을 줄여 주기도 한다.

예제 33A

어떤 선박의 배수량이 8775톤이고, 횡동요 고유 주기 T_R은 17.5초이며 GM은 1.12 m이다.

(a) 아래의 화물 적재 및 하역 작업이 이루어진 후의 새로운 횡동요 고유 주기를 구하라:

1750톤의 화물을 이 선박의 KG 위쪽 3.85 m 지점에 적재하고,

KG 아래쪽 2.75 m 지점의 화물 450톤을 하역하였다.

(b) 이 선박의 형폭은 근사적으로 얼마인가? 화물의 적재 및 하역 작업 전후로 KM은 일정하다고 가정하라.

풀이

(a) $T_{R(1)} = 2\pi\sqrt{\dfrac{k_{(1)}^2}{g.GM_{(1)}}}$ 그러므로 $k_1^2 = \left(\dfrac{T_{R(1)}}{2\pi}\right)^2 \times g \times GM_{(1)}$

$\therefore\ k_1^2 = \left(\dfrac{17.5}{2\times\pi}\right)^2 \times 9.81 \times 1.12 \qquad k_1^2 = 85.21\,m^2. \qquad k_1 = 9.23\,m.$

$I_1 = W \cdot k_1^2 = 8775 \times 85.21 = 747\,718\ \text{tonnes} \cdot m^2.$

화물 중량	*레버 (KG)*	*화물중량의 모멘트*	*레버 $(KG)^2$*	*레버 관성 모멘트*
8 775	0	0	0	747 718
+1 750	+3.85	+6 738	+14.82	+25 935
−450	−2.75	−1 238	+7.56	−3 402
10 075	+0.55	+5500		770 251 t.m²

$-W_2 \times y^2 = 10\,075 \times 0.55^2 = -3\,048\ t.m^2$

새로운 관성모멘트 $= I_2 = 767\,203\ t.m^2$

KM은 상수이고 G는 0.55 m 상승하였기에, 새로운 GM = 1.12 − 0.55 = 0.57 m = GM_2

$k_2^2 = \dfrac{I_2}{W_2} \qquad \therefore\ k_2^2 = \dfrac{767\,203}{10\,075} = 76.15\,m^2. \qquad \therefore\ k_2 = 8.73\,m$

$T_{R(2)} = 2\pi\sqrt{\dfrac{k_2^2}{g\cdot GM_2}} = 2\pi\sqrt{\dfrac{76.15}{9.81\times 0.57}} = 23.19$ 초. (즉 적절히 안락한 횡동요 주기이다)

(b) 근사적으로 k = 0.35 × 형폭, 평균 $k = \dfrac{k_1 + k_2}{2} = 8.98$ m.

$\therefore$ *형폭의 근사값* $= \dfrac{8.98}{0.35} = 25.7\ m.$

정적 횡경사(STATIC HEELING) 또는 음의 GM으로 인한 횡경사(LISTING)에 의한 선저-해저 간격의 감소

제목이 의미하는 바를 이해하기 위해 우선 흘수를 정의해야만 한다. 선저-해저 간격(UKC: Underkeel Clearance)이란 선박이 물에 떠 있기 위한 최소한의 수심을 일컫는 데, 이것은 수선에서 선박의 최하부 사이의 거리를 말한다.

다음 그림에서는 명확한 설명을 위하여 선박의 반만을 표시하였는 데, 이 선박은 선저 킬를 중심으로 하여 경사진다고 가정한다. 이 가정은 완전히 올바른 것은 아니지만 이를 사용하더라도

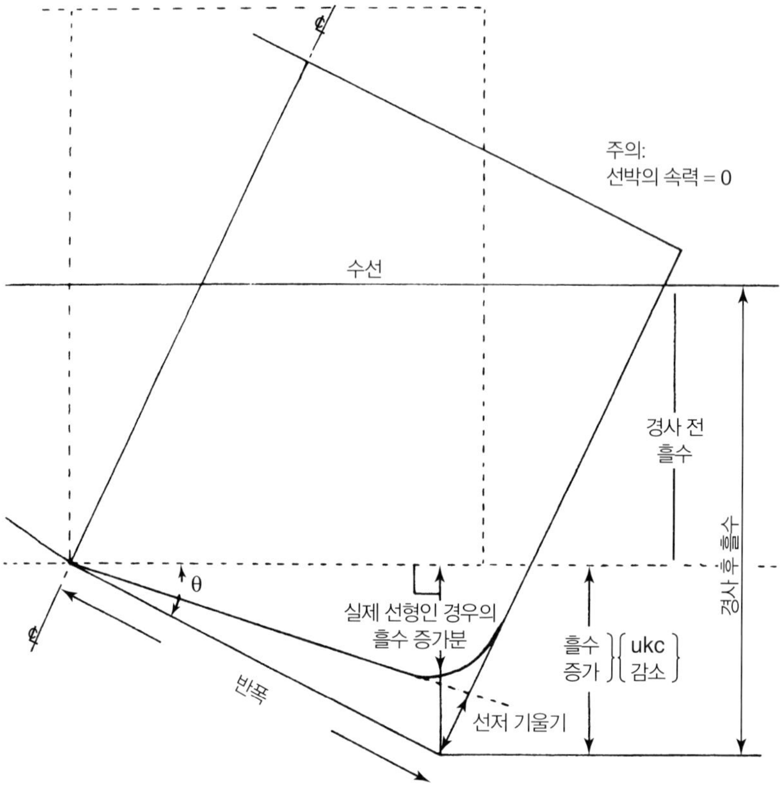

그림 4.29

실제적인 목적에 적합한 해답에 충분히 접근하는 해답을 제공한다. 만약 이 선박이 상자형 선형이라면 흘수의 증가는 $\frac{1}{2} \times$ 폭 $\times \sin\theta$이다. 이 값은 물론 선저-해저 간격의 손실을 나타낸다.

실제 선형을 다룰 때는 선저 기울기(rise of floor)를 고려해야만 할 수도 있다. 비록 이 선저 기울기는 선측을 따라 계측되지만 실제적인 목적에서는 흘수의 증가는 선저 기울기로 인하여 감소된다고 가정한다. 현대의 선형에서는 선저 기울기는 선박에 더 이상 이용되지 않는다. 이 선저 기울기는 구식이 되어 더 이상 쓸모가 없게 되었다.

예제 34

아래 정지 상태 선박의 8° 까지의 경사각 θ에 대한 선저-해저 간격(ukc)의 감소를 도식하라:

(a) 20 m의 폭을 가진 일반 화물선 } 선저기울기는 0으로 가정

(b) 32.25 m의 폭을 가진 파나막스급 선박 } 선저기울기는 0으로 가정

(c) 70 m의 폭을 가진 초대형 원유운반선(ULCC)

(d) 똑바로 떠 있을 때 ukc가 1.25 m이면 위에 나타낸 각 선박의 빌지부 외판이 해저에 닿게 되는 경사각을 구하라.

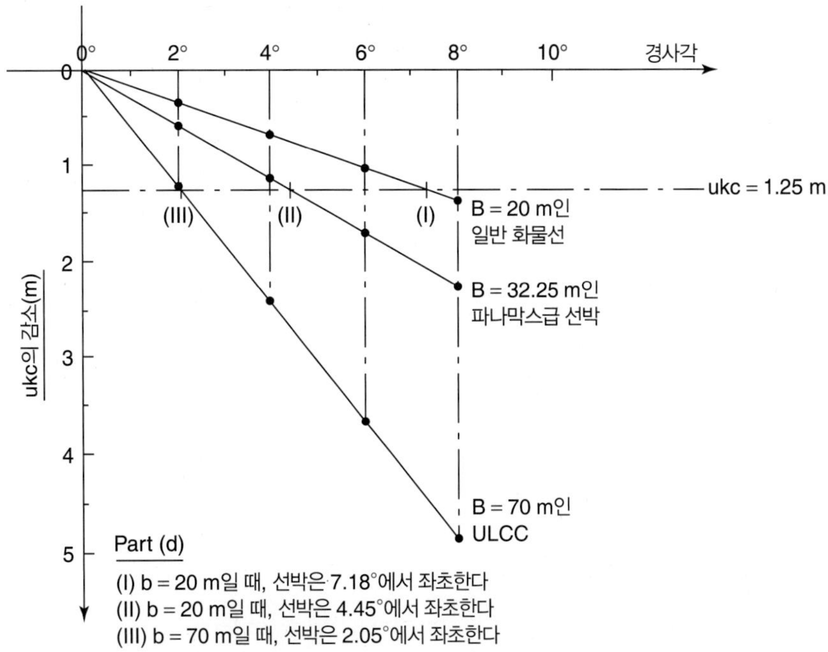

주의: 계산한 값들을 아래의 표에서 보라.

그림 4.30

ukc의 감소 $= \frac{1}{2} \times \mathrm{b} \times \sin\theta$에 b와 θ의 값을 대입한다.

경사각	0°	2°	4°	6°	8°
b = 20 m에 대하여	0	0.35	0.70	1.05	1.39미터
b = 32.25m에 대하여	0	0.56	1.12	1.69	2.24미터
b = 70 m에 대하여	0	1.22	2.44	3.66	4.87미터

예제 35

어떤 대형유조선(VLCC)의 C_B 값이 0.830이다. 이 선박의 수심－흘수 비는 1.10이다. 이 선박이 다음과 같은 조건 아래 천수 중을 운항할 때 예상되는 선수부에서의 최대 선체 침하 현상(Squat)에 대하여 논의하라:

(a) 이 선박은 강과 같은 제한 수로에서 운항된다.

(b) 또한 이 선박은 개방된 수역에서 운항되며 선속의 범위는 0 ~ 12 노트이다.

(c) 위 두 운항조건에 대하여 선수부 최대 침하량과 선속의 관계를 나타내는 그래프를 작성하라.

(d) 정적 ukc(선저와 해저 사이의 간격)가 0.75 m라면, 얼마의 선속에서 이 대형유조선의 선저가 해저에 닿아 좌초되겠는가?

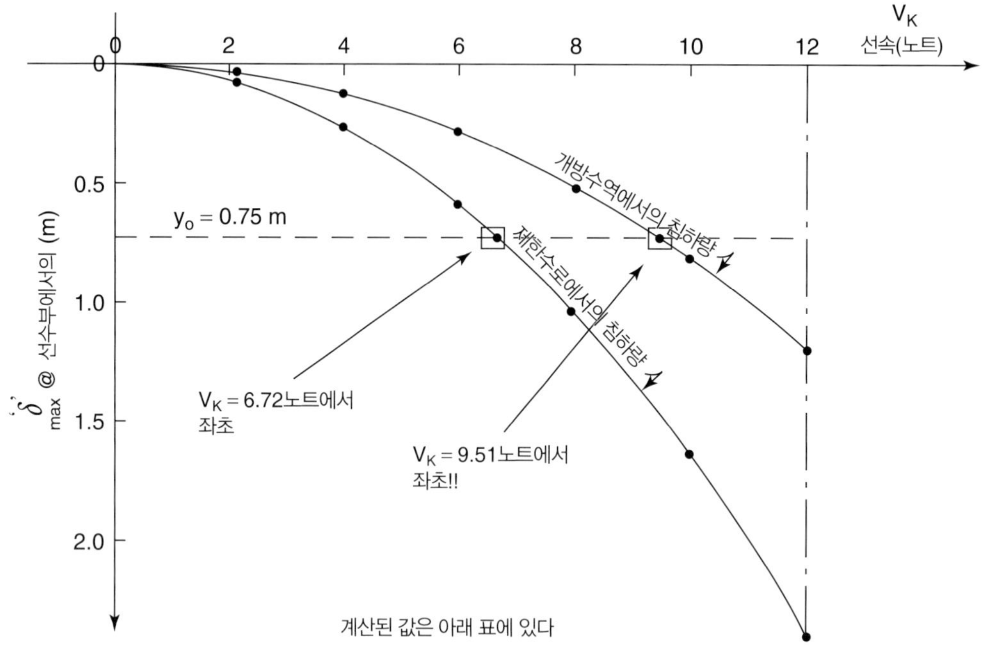

그림 4.31

개방수역에서의 최대 침하량: $`\delta\text{'}_{max} = \frac{C_B \times V_K^2}{100}$ 미터

선속(노트)	0	2	4	6	8	10	12
$`\delta\text{'}_{max}$ (미터)	0	0.03	0.13	0.30	0.53	0.83	1.20

제한수로에서의 최대 침하량: $\delta_{max} = \frac{C_B \times V_K^2}{50}$ 미터

선속(노트)	0	2	4	6	8	10	12
$`\delta\text{'}_{max}$ (미터)	0	0.07	0.27	0.60	1.06	1.66	2.39

선박의 선회 시 경사각

선박이 선회할 때 경사각이 발생한다. 이것은 타에 의해 힘이 작용하고 이에 따라 원심력과 모멘트가 생겨나기 때문이다.

만일 타를 좌현 쪽으로 작동시키면 타에 작용하는 힘에 의해 그 선박은 좌현 쪽으로 경미하게 θ_1의 각도만큼 기울게 된다.

그러나 회전운동에는 원심력이 작용하기에 그 선박은 우현 쪽으로 θ_2의 각도만큼 기울게 된다. 언제나 θ_2는 θ_1 보다 더 큰 값을 가진다. 그 결과 좌현 쪽으로 조타를 실시하면 선박이 선회하는 동안 최종적인 경사각은 우현 쪽으로 발생하게 되며, 역으로 우현 조타를 하면 최종 경사각은 좌현 쪽으로 발생한다.

예제 36

어떤 선박이 다음과 같은 제원을 가지고 있다:

배수량 W = 5000톤, 타 면적 = 12 m^2, 연직부심(VCB)에서 타 무게중심까지의 거리 = 1.6 m (NL), GM = 0.24 m, 좌현 조타각 = 35°, 선속 = 16 노트이다. 이 선박이 특정 속도에서 선회할 때 타에 작용하는 힘만을 고려했을 경우의 경사각을 계산하라. 1 노트 = 1852 m/hr로 가정하라.

$$V = 16 \times \frac{1852}{3600} = 8.231\ \text{m/sec.} \quad \text{Let } \alpha = \text{조타각이라 한다.}$$

$$F = 580 \times A_R \times V^2 \text{ Newtons.} \qquad F_t = F \cdot \sin\alpha \cdot \cos\alpha$$

$$F_t = 580 \times A_R \times V^2 \times \sin\alpha \cdot \cos\alpha = 580 \times 12 \times 8.231^2 \times \sin 35^\circ \cos 35^\circ$$

$$\therefore\ F_t = 580 \times 12 \times 67.75 \times 0.5736 \times 0.8192 \quad \text{Let } \theta = \text{횡경사각이라 한다.}$$

$$\therefore\ F_t = 221,560\,\text{N or } 221.6\,\text{kN}$$

$$\tan\theta = \frac{F_t \times NL}{W \times g \times GM} = \frac{221.6 \times 1.60}{5000 \times 9.81 \times 0.24}$$

$$\therefore \tan\theta = 0.03011. \qquad \text{그러므로 } \theta = 1.78^\circ \text{ 좌현 조타각}$$

예제 37

어떤 선박이 16 노트의 속도로 지름이 200 m의 원을 형성하며 좌선회하고 있다. VCB와 VCG 사이의 거리 = 0.88 m, GM_T = 0.78 m, g = 9.81 m/sec^{2}이다. 1 노트 = 1852 m/hr로 가정하라.

만일 타력에 의해 1.05°의 좌현 경사각이 발생했다면, 이 속도에서 원심력의 작용을 고려했을 경우의 최종적인 횡경사각을 계산하라.

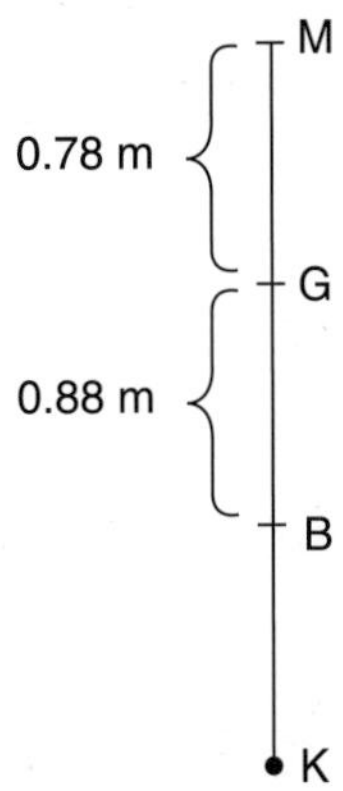

그림 4.32

$$\text{Let } \theta = \text{횡경사각이라 하자.}$$

$$\text{선속(m/sec)} = 16 \times \frac{1852}{3600} = V$$

$$\therefore V = 8.231\,\text{m/sec}$$

$$\tan\theta = \frac{V^2 \times BG}{g.r.GM} \quad \text{원심력 단독에 의한 횡경사각}$$

$$\therefore \tan\theta = \frac{8.231^2 \times 0.88}{9.81 \times \dfrac{200}{2} \times 0.78} = 0.07791.$$

$\therefore$ 원심력 단독에 의한 횡경사각 $\theta = 4.45°$ 우현 경사각

최종적인 횡경사각 $\theta = 4.45°$ (우현) $-$ $1.05°$ (좌현)

$= 3.40°$ (우현)

요약

선회 시의 횡경사각에 대하여

1. 두 종류의 힘이 관련된다. 즉 타에 작용하는 타력과 원심력이 선회하는 선박에 작용하여 최종적인 횡경사각을 결정한다.
2. 좌현 조타를 실시할 경우 최종적으로 우현 경사각이 생겨 나고, 반대로 우현 조타를 할 경우에는 좌현 경사가 발생한다.
3. 화물을 이동시켜 KG가 줄었다면 BG는 감소하고 GM은 증가한다. 그러면 $\tan\theta$가 감소하게 되고, 그 결과 선회 시의 경사각은 작아지게 된다.

CHAPTER 05

종 복원성, 즉 트림
Longitudinal Stability, i.e. Trim

*트림(Trim)*은 선수부(FP) 흘수와 선미부(AP) 흘수 간의 차이를 일컫는다. 차이가 없다면 그 선박은 등흘수(even keel) 상태에 있는 것이다.

*트림의 변화(Change of Trim)*란 원래의 트림과 최종 트림 간의 차이를 일컫는다.

부심(LCF, Center of Flotation) 또는 티핑 중심(TC, Tipping center)는 2차원 수선면의 기하학적 중심을 일컫는다. 이 점을 중심으로 선박의 트림이 이루어진다. 부심은 사실상 수선면의 받침점이라 할 수 있다.

위 그림 5.1에서 θ는 트림각인 데, 그림 5.1에서 알 수 있는 것은 다음과 같다:

$$\tan\theta = \frac{\text{트림 변화량}}{\text{수선 간 길이}}$$

$$\text{또한 } \tan\theta = \frac{\text{선수 트림 변화}}{\text{LCF에서 FP 사이의 거리}}$$

$$\text{또한 } \tan\theta = \frac{\text{선미 트림 변화}}{\text{LCF에서 AP 사이의 거리}}$$

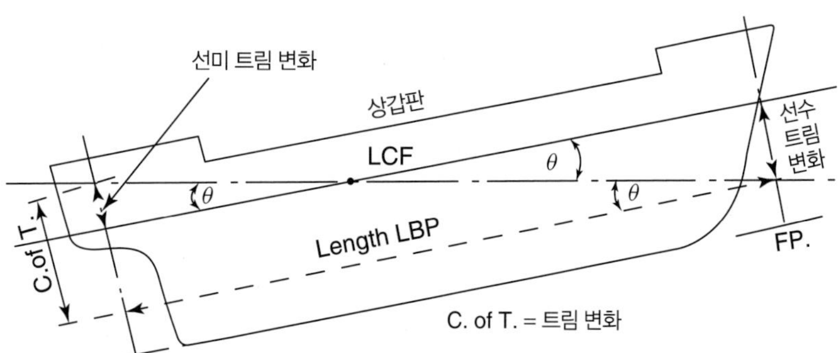

그림 5.1

그림 5.1를 이용하고 위의 식들을 바꾸어 보면

$$\text{트림 변화량} \times \frac{\text{LCF에서 FP 사이의 거리}}{\text{수선 간 길이}} = \textit{선수 트림}(\text{미터})$$

$$\text{그리고 트림 변화량} \times \frac{\text{LCF에서 AP 사이의 거리}}{\text{수선 간 길이}} = \textit{선미 트림}(\text{미터})$$

MCT 1 cm는 트림을 1cm 변화 시키기 위해 요구되는 모멘트를 일컫는다. 이것은 트림의 계산에서 매우 중요한 값인 데, 트림의 변화를 계산하기 위해 이용된다.

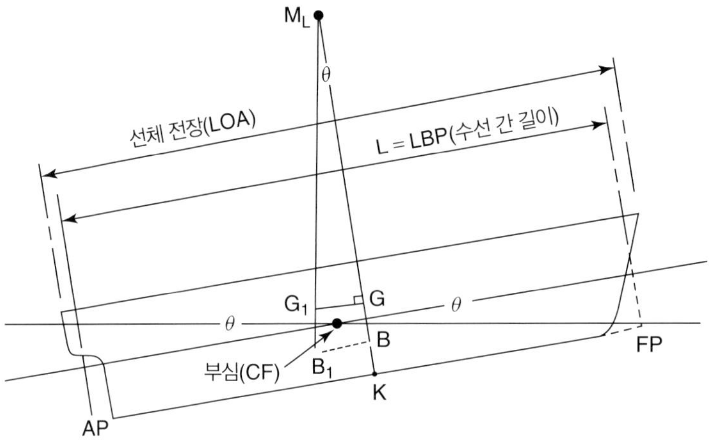

그림 5.2

위 그림에서,

M_L은 종메터센터

G는 트림 발생 전의 선체 무게중심

G_1은 트림 발생 후의 선체 무게중심

B는 트림 발생 전의 부력 중심

B_1은 트림 발생 후의 부력 중심

θ는 트림각

주의:

근사적으로 $\frac{\text{LBP}}{\text{LOA}} = 96\%$이다. 선체 중앙부는 AP와 FP의 중간 지점, 즉 LBP/2이다. 대부분의 상선에서 B_1은 트림 발생 후의 부력 중심 선체 중앙부는 LOA의 반이 되는 θ는 트림각 지점에 있는 것이 아니다.

이제 $$\frac{GG_1}{GM_L} = \text{Tan}\,\theta = \frac{\text{트림 변화량}}{\text{선체 길이}}$$

$$GG_1 = \frac{GM_L \times \text{트림 변화량}}{\text{선체 길이}}$$

$$GG_1 = \frac{GM_L}{100L} \quad \left(\text{만일 트림 변화량이 1 cm이라면: } 1\,\text{cm} = \frac{1}{100}\,\text{m}\right)$$

또는 $$\frac{w \times d}{W} = \frac{GM_L}{100L} \quad \left(GG_1 = \frac{w \times d}{W} \text{이고 } w \times d\text{는 톤-미터 단위의 모멘트이며 } W\text{는 톤 단위의 배수량이다} \right)$$

즉 $$w \times d = \frac{W \times GM_L}{100L}$$

그러나 $w \times d$는 트림을 1 cm 만큼 변화시킨 모멘트이다.

$$\therefore \text{ MCT 1 cm} = \frac{W \times GM_L}{100\ L} \text{ 톤-미터(tm)}$$

$$\text{MCT 1 cm} = \frac{W \times GM_L}{100 \times L}. \quad GM_L \doteqdot BM_L \text{이며} \quad BM_L = \frac{L^2}{12 \cdot d}$$

그러므로 $$\text{MCT 1 cm} \doteqdot \frac{(1.025 \times L \times B \times d)}{100 \times L} \times \left(\frac{L^2}{12d}\right) = \frac{1.025 \cdot L \cdot B}{100} \times \frac{L}{12}$$

$$\therefore \text{ MCT 1 cm} \doteqdot \frac{1.025 \cdot T}{1.025} \times L/12 = T \times \frac{100 \cdot T}{12 \times 1.025 \cdot B} \quad \text{여기에서 } T = TPC.$$

그러므로, 상자형 선형의 선박의 $\doteqdot \dfrac{100 \cdot T^2}{12.3B} = \dfrac{8 \cdot 1 \times T^2}{B} \doteqdot \dfrac{8 \times T^2}{B}$ tm/cm.

*유조선*에 대하여는 MCT 1 cm $= \dfrac{7.8 \times T^2}{B}$가 좋은 근사치이다.

*일반 화물선*에 대해서도 근사적으로 MCT 1 cm $= \dfrac{7.2 \times T^2}{B}$이다.

예제 38

어떤 일반 화물선의 TPC가 21.05이고 형폭이 19.75 m이다. MCT 1 cm의 근사치를 계산하라.

$$\text{MCT 1 cm} = \frac{7.2 \times (TPC)^2}{B} = \frac{7.2 \times 21.05^2}{19.75}$$
$$\therefore \text{ MCT 1 cm} = 161.54 \text{ tm/cm (근사값)}$$

트림 문제에서의 계산 절차

1. 주어진 정보를 이용하여 문제를 도식화하는 스케치를 하라. 주어진 수치를 표시하라.

2. 선체의 평균 침하량을 추정하라. 단 이때의 단위를 미터로 환산하는 것을 잊지 말라.

3. 트림 변화량을 계산하되 LCF로 부터의 거리를 사용해야 한다. 단위를 미터로 환산한다.

4. LCF 점에 대하여 FP와 AP에서의 선수 및 선미 트림 변화를 계산한다.

5. 위의 값들을 조합하여 최종적인 흘수를 다음과 같이 구한다:

선수미의 최종 흘수 = 원래의 흘수 + 선체 평균 침하/상승 ± 선수미 트림 변화

6. 실제 적용 시 이들 최종 흘수 값은 통상적으로 소수점 두 자리로 반올림한다.

예제 39

54톤 중량의 화물을 1번 화물창에서 2번 화물창으로 20미터 만큼 이동시켰다. 이 선박의 MCT 1 cm는 120톤−미터이다. 이 경우의 트림 변화량을 계산하라.

$$\text{트림 변화량} = \frac{\text{발생된 모멘트}}{\text{MCT 1 cm}}$$

$$= \frac{54 \times 20}{120}$$

$$\therefore \text{트림 변화량} = \text{선미 트림 9 cm}$$

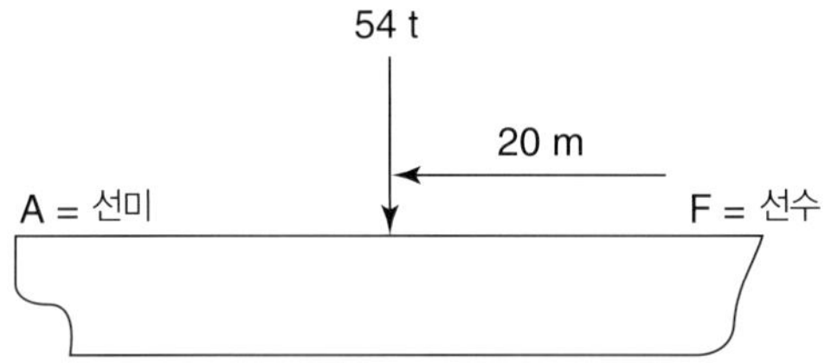

그림 5.3

주의: 부심(center of flotation)에 대한 1번과 2번 화물창의 위치는 중요하지 않다. 화물 중량을 이동시킨 *위치*와 *방향*이 중요한 인자이다.

예제 40

길이 120 m인 선박의 MCT 1 cm는 100 톤−미터이고, TPC 25에 대하여 선수 흘수는 6.00 m, 선미 흘수는 6.60 m이다. 선체중앙에서 선미 쪽으로 2 m 지점에 위치한 부심(center of flotation)으로부터 선수 쪽으로 12 m 떨어진 장소에 250톤의 화물을 적재한다. 화물을 적재하였을 경우의 새로운 선수미 흘수를 계산하라.

$$\text{선체 침하} = \frac{\text{적재 중량}}{\text{TPC}} = \frac{250}{25} = 10 \text{ cm} = 0.10 \text{ m}$$

$$\text{트림 변화량} = \frac{\text{발생된 모멘트}}{\text{MCT 1 cm}} = \frac{250 \times 12}{100} = \text{선수 트림 30 cm.}$$

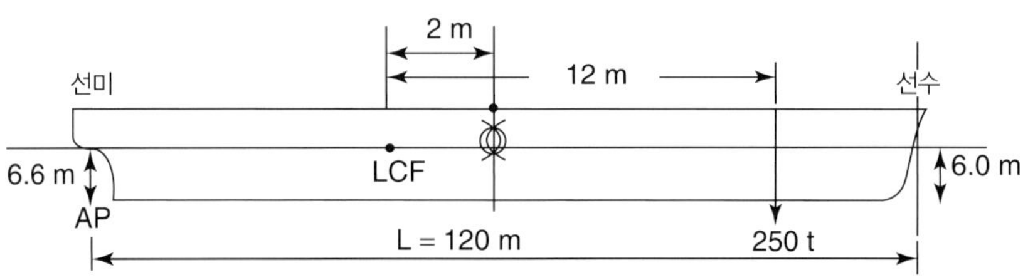

그림 5.4

$$\text{트림 변화로 인한 선수 트림 변화} = \frac{62}{120} \times 30 = 15.5\text{ cm 증가.}$$

$$\text{트림 변화로 인한 선미 트림 변화} = \frac{58}{120} \times 30 = 14.5\text{ cm 감소.}$$

	선미	선수
원래의 흘수	6.600	6.000
침하량	0.100	0.100
	6.700	6.100
트림 변화	−0.145	+0.155
최종 흘수	6.555 m	6.255 m
	약 6.56 m	약 6.26 m.

예제 41

배수량이 6600톤이고 길이가 120 m인 선박의 GM_L에 대한 흘수는 선수 4.8 m, 선미 4.5 m이다. 이선박의 부심(center of flotation)은 선체 중앙으로부터 선미 쪽으로 2 m 지점에 위치한다. 이 선박에 선미 트림 15 cm를 생기게 하려면 얼마만큼의 화물을 2번 화물창에서 내려야 하는가? 2번 화물창은 선체 중앙에서 선수 쪽으로 16 m 지점에 위치한다.

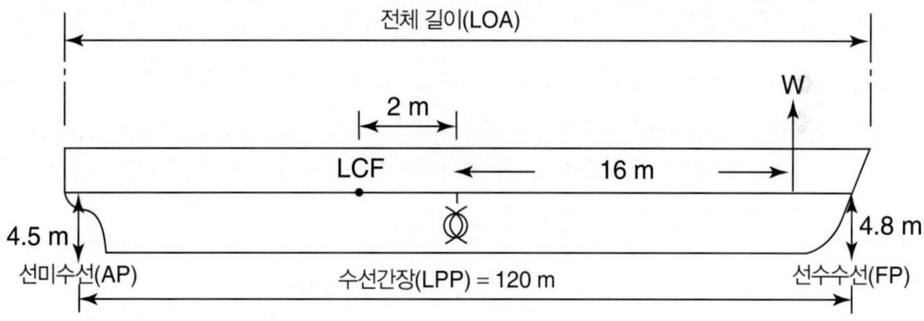

그림 5.5

2번 화물창에서 내려야 할 화물의 중량을 w톤이라 하면, 이 화물중량은 부심에 대하여 18w 톤−미터의 모멘트를 발생시킨다.

현재의 흘수	선수	4.80 m
		4.50 m
현재의 트림	선수트림	0.30 m ↻
요구되는 트림	선수트림	0.15 m ↺
요구되는 트림 변화	선수트림	0.45 m ↺

$$\text{MCT 1 cm} = \frac{W \times GM_L}{100\text{ L}} = \frac{6600 \times 140}{100 \times 120} = 77\text{ 톤−미터}$$

위에서 요구되는 트림 변화를 생기게 하는 데 필요한 모멘트는 45 × 77 톤-미터이다.

$$\text{발생된 모멘트} = \text{요구되는 모멘트}$$

$$18w = 45 \times 77$$

$$W = 192.50 \text{ 톤}$$

예제 42

길이가 150 m, 폭이 18 m, MCT 1 cm는 150 톤-미터이며 TPC 25에 대한 선수미 흘수가 각각 6.35 m, 6.65 m인 선박이 있다. 이 선박에 다음과 같이 화물을 적재 및 양하(짐을 내림)한다:

1번 화물창에 230톤 적재	부심에서 선수 방향으로 50 m
3번 화물창에 800톤 적재	부심에서 선수 방향으로 20 m
4번 화물창에 500톤 적재	부심에서 선수 방향으로 21 m
2번 화물창에서 200톤 양하	부심에서 선수 방향으로 36 m
F.P 탱크에서 105톤 양하	부심에서 선수 방향으로 60 m

부심(center of flotation)은 선체 중앙으로부터 선미 쪽으로 5 m 지점에 위치한다. 화물의 적재 양하로 인해 새롭게 형성된 흘수를 계산하라.

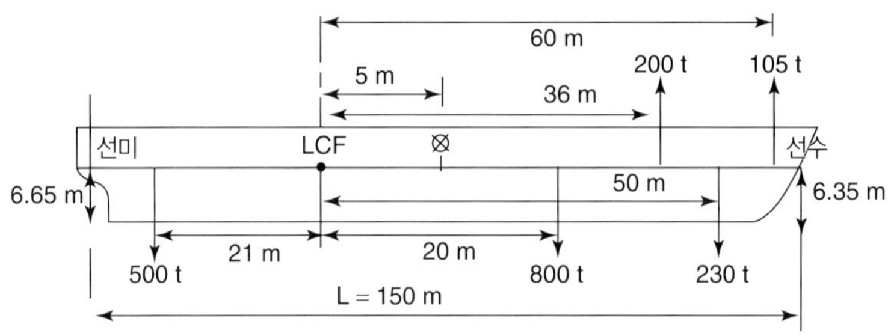

그림 5.6

	화물중량	LCF에서 의 거리	모멘트(톤-미터) 선미	모멘트(톤-미터) 선수
	230	50 F	–	11 500
	800	20 F	–	16 000
	500	21 A	10 500	–
	−200	36 F	7 200	–
	−105	60 F	6 300	–
순 적재 중량	1225 톤		24 000	27 500
				24 000
			모멘트의 합, 선수 트림 =	3 500

$$\text{선체 평균 침하량} = \frac{\text{적재 중량}}{\text{TPC}} = \frac{1225}{25} = 49\,\text{cm} = 0.49\,\text{m.} \downarrow$$

$$\text{트림 변화량} = \frac{\text{모멘트 합}}{\text{MCT 1 cm}} = \frac{3500}{150} = \text{선수트림 } 23.33\text{cm}$$

$$\text{트림 변화로 인한 선수 트림 변화} = \frac{80}{150} \times 23.33 = 12.44\,\text{cm 증가}$$

$$\text{트림 변화로 인한 선미 트림 변화} = \frac{70}{150} \times 23.33 = 10.89\,\text{cm 감소}$$

	선미(A)	선수(F)
처음 흘수	6.650 m	6.350 m
침하량	0.490 m	0.490 m
	7.140 m	6.840 m
트림 변화	−0.109 m	+0.124 m
새로운 흘수	7.031 m	6.964 m
	약 7.03 m	약 6.96 m

예제 43

배수량 9000톤, 길이 120 m, GML 160 m인 어떤 선박이 선수 트림 8 cm을 가진다. 선체 중앙에서 선수 쪽으로 24미터 지점에 300톤의 화물과 선미 쪽으로 30미터 지점에 400톤의 화물을 적재하고 선체 중앙 지점의 화물 200톤을 내렸다. 그 결과 이 선박은 선미 트림 18 cm를 가진다.

부심(center of flotation)의 위치를 계산하라.

Trim by the head와 trim by the bow는 선수 트림을 가리키는 동일한 용어이다.

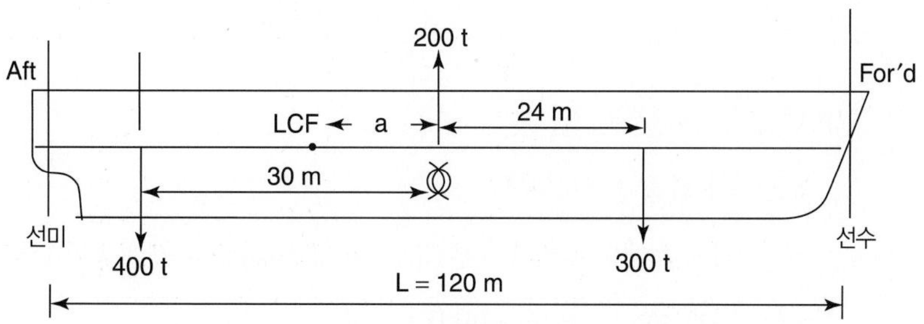

그림 5.7

$$\text{MCT 1 cm} = \frac{W \times GM_L}{100L} = \frac{9000 \times 160}{100 \times 120} = 120\text{톤-미터}$$

원래의 트림 = 선수 트림 8 cm
최종 트림 = 선미 트림 18 cm
트림 변화량 = 선미 트림 26 cm

부심(center of flotation)은 선체 중앙에서 선미 쪽으로 'a' 미터의 지점에 위치한다고 가정하자. 그 다음은 부심에 대하여 모멘트를 계산한다.

화물 적재와 양하에 의한 모멘트 = 트림 26 cm를 변화 시키기 위한 모멘트

$$400\,(30 - a) + 200a - 300(24 + a) = 120 \times 26$$
$$12\,000 - 400a + 200a - 7200 - 300a = 3120$$
$$500a = 1680$$
$$a = 3.36 \text{ metres}$$

그러므로 LCF는 선체 중앙에서 선미 쪽으로 3.36 m인 지점에 존재한다.

만일 LCF가 선체 중앙에서 선미 쪽으로 위치한다는 가정이 틀렸다면 위 계산 결과는 음의 값을 가질 것이다. 이 음의 값은 부심이 처음에 가정하였던 방향과 반대 쪽에 위치한다는 것을 의미한다.

흘수를 어느 한 쪽 수선(PERPENDICULAR)에 고정시키기 위한 중량의 배치

선미 흘수는 고정되었다고 가정한다.

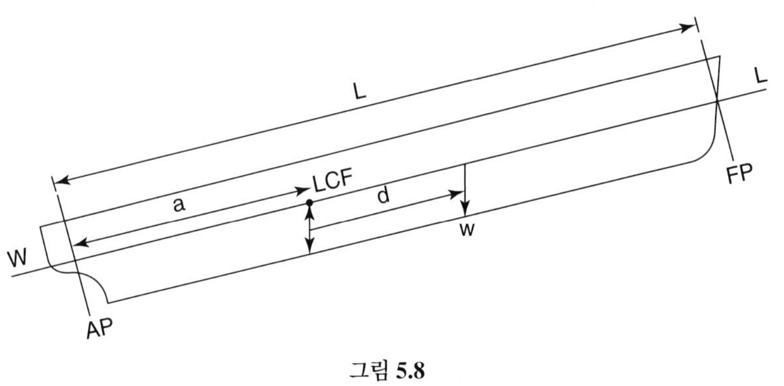

그림 5.8

그러면 그림 5.8에서는:

w는 적재 화물 중량이다(톤).

d는 화물이 적재되는 위치와 부심(center of floatation)의 거리이다(미터).

a는 부심과 AP의 거리이다(미터).

L은 선박의 LBP이다 (미터).

만일 w가 부심 위치에 적재되었다면 화물적재로 인한 침하량은 $\frac{w}{TPC}$가 될 것이다. 선미 흘수를 변하지 않게 고정하려면 침하량과 동일한 흘수 변화가 있어야만 하고, 이 흘수의 변화는 화물 w톤을 d미터만큼 이동시켜 얻을 수 있을 것이다.

$$\text{선미 트림 변화} = \text{선체 평균 침하}$$

$$\text{그러면 } \frac{w \times d \times a}{\text{MCT 1 cm} \times L} = \frac{w}{TPC}$$

$$\text{그러므로 } d = \frac{\text{MCT 1 cm} \times L}{TPC \times a}$$

주의: 위의 수식은 유체정역학 데이터(hydrostatic data)가 변하지 않을 때만 유효하다. 즉 화물 중량 'w'가 작을 때 위 수식을 적용하여 계산할 수 있다.

예제 44

길이가 150 m, MCT 1 cm가 140 톤-미터, TPC가 20, 그리고 부심의 위치가 선체 중앙에서 선미 쪽으로 5 m에 있는 선박이 어떤 항구에서 화물을 적재한다. 부두에 적재할 화물이 수 톤이 남아 있는 데 이 선박의 선미 흘수 제한선에 이르렀다.

선미 흘수 제한선을 준수하기 위해서는 화물을 어떤 위치에 적재해야 하는가?

$$d = \frac{\text{MCT 1 cm} \times L}{TPC \times a}$$

$$= \frac{140 \times 150}{20 \times 70}$$

$$= \text{LCF에서 선수 쪽으로 15미터}$$

예제 45

선수 흘수가 6.75 m, 선미 흘수가 7.75 m, MCT 1 cm가 140 톤-미터, TPC가 15인 선박에 선체 중앙에 위치한 부심으로부터 각각 선수 쪽으로 50 m, 선미 쪽으로 40 m 지점에 화물창 2번과 4번이 있다. 이 선박이 평균 흘수가 8.0 m가 되고 선미 트림이 15 cm가 되게 하려면 각각의 화물창에 얼마만큼의 화물을 적재해야 하는가?

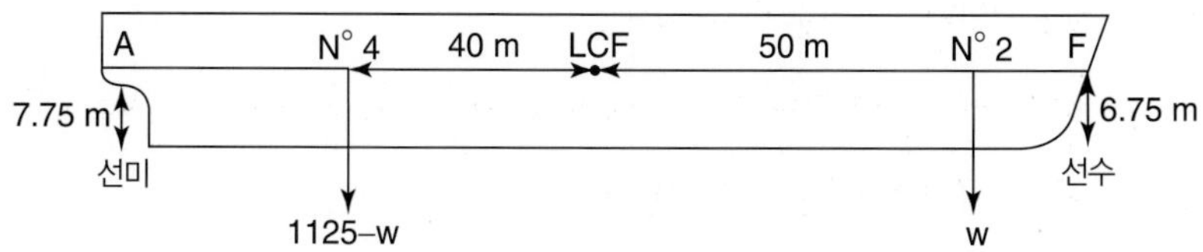

그림 5.9

현재의 흘수	선수 흘수	6.75 m	평균 흘수	7.25 m		
	선미 흘수	7.75 m	요구 흘수	8.00 m		
현재 트림	선미 트림	1.00 m	침하량	0.75 m	=	75 cm
요구 트림	선미 트림	0.15 m			TPC	×15
트림 변화	선수 트림	0.85 m			적재 중량	1125 톤

2번 화물창에 w 톤을 적재한다고 하자.

그러면 (1125 − w) 톤이 4번 화물창에 적재될 것이다.

$$\text{이제, 모멘트의 합} = \text{화물에 의해 발생되는 모멘트}$$

$$\text{트림 변화} = \frac{\sum(w \times d)}{\text{MCT 1 cm}}$$

$$\text{그러므로 } 85 \times 140 = \sum(w \times d)$$

$$\therefore \sum(w \times d) = 85 \times 140$$

선수 선미 선수

$$50w - 40(1125 - w) = 85 \times 140$$

$$50w - 45\,000 + 40w = 11\,900$$

$$90w = 56\,900$$

$$w = 632.22 \text{ 톤(2번 화물창)}$$

$$\text{그리고} = 492.78 \text{ 톤(4번 화물창)}$$

예제 46

MCT 1 cm가 150 톤−미터이고 TPC가 20인 선박의 선수 흘수가 8.4 m이고 선미 흘수가 9.0 m이다. 이 선박에서 765톤의 화물을 내리는데, 그 중 425톤의 화물은 부심에서부터 선미 쪽으로 6.5 m인 위치에 무게 중심이 있는 3번 화물창에서 내린다. 1번 화물창은 부심으로부터 선수 쪽으로 50 m 지점에 있고 5번 화물창은 선미 쪽으로 40 m인 지점에 있다면, 화물을 내린 후 선박이 편평한 흘수(even keel) 상태가 되기 위해서는 1번과 5번 화물창에서 얼마만큼의 화물을 내려야 하는가?

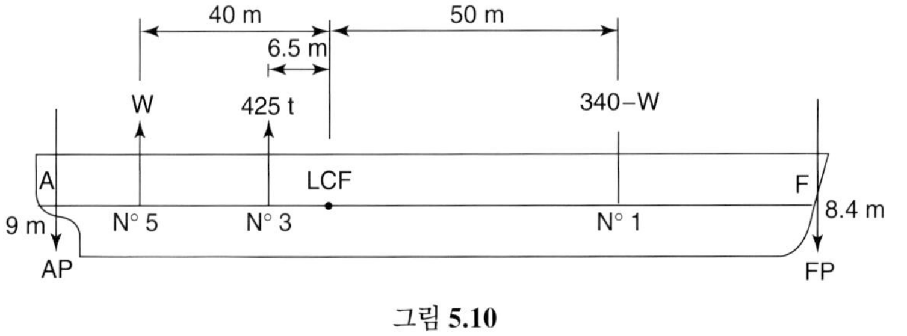

그림 5.10

현재의 흘수	선수 흘수	8.40 m	총 양하량	= 765 톤
	선미 흘수	9.00 m	이미 내린 화물	= 425 톤
현재의 트림	선미 트림	0.60 m	1번 및 5번 화물창에서 내린 화물	= 340 톤
요구 트림		0		
트림 변화	선수 트림	0.60 m ↻		

5번 화물창에서 w톤의 화물을 내린다고 가정하자.

그러면 (340 − w)톤의 화물을 1번 화물창에서 내리게 될 것이다.

이제, 모멘트의 합 = 화물로 인해 발생되는 모멘트

$$\begin{aligned} &\text{선수} \qquad\quad \text{선수} \qquad\qquad \text{선미} \qquad\qquad \text{선수} \\ &40\,w + (425 \times 6.5) - 50(340 - w) = 60 \times 150 \\ &40\,w + 2762.5 - 17\,000 + 50\,w = 9000 \\ &90\,w = 23\,237.5 \\ &\text{5번 화물창으로부터 } w = 258.2 \text{ 톤} \\ &\text{그리고 1번 화물창으로부터 } w = 81.8 \text{ 톤} \end{aligned}$$

위의 두 예제에서의 w톤의 화물이 더 큰 모멘트가 생겨나는 지점에 적재되거나 그 지점에서 양하되었음을 알게 될 것이다. 작은 크기의 모멘트가 그보다 더 큰 모멘트에서 줄여지는 한 그 어떠한 끝단 위치에 w를 놓을 것인가는 문제가 되지 않음에도 불구하고, 아마도 독자들은 그렇게 하는 것이 편리하다고 판단할 것이다. 트림 문제를 풀 때 문제의 상황을 그림으로 그리면 언제나 도움이 될 것이다.

예제 47

경하상태 시의 배수량이 5080톤인 선박이 평균흘수가 7 m이고 선미 트림이 60 cm인 상태로 떠있는 데, 이 선박의 재화중량(deadweight)은 5720톤이다. 선박의 길이는 150 m, GML은 200 m, TPC는 25이다. 해저에 설치된 장애물을 넘어가기 위해서 이 선박의 선미 흘수는 7.2 m를 초과할 수 없다. 이 요구 흘수를 달성하기 위해 선체 중앙에 위치한 부심에서부터 60 m 지점에 있는 선수 피크 탱크에 채워야 할 물의 최소량을 계산하라.

$$W = \text{Lwt(경하중량)} + \text{Dwt(재화중량)} = 5080 + 5720 = 10800\text{톤}$$

$$\text{MCT 1 cm} = \frac{W \times GM_L}{100L} = \frac{10\,800 \times 200}{100 \times 150} = 144\text{톤-미터}$$

$$\text{선체 평균 침하} = W/TPC.$$

선수 피크 탱크에 w톤의 물을 채운다고 가정하자.

이 선수 피크 탱크에 채운 물로 인해 발생되는 선체 평균 침하는 $\frac{w}{25}$ cm이고

트림 변화는 $\frac{60w}{144}$ cm가 될 것인데,

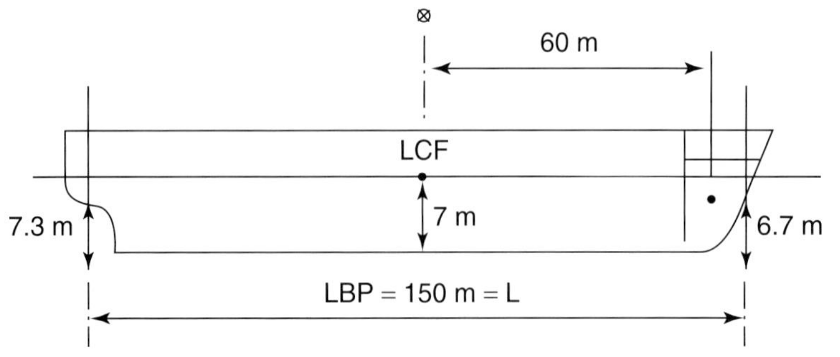

그림 5.11

이로 인해 선미 트림 변화는 $\dfrac{60w}{144 \times 2}$가 된다(LCF는 선체 중앙에 있으므로) ------------------ (I)

$$
\begin{aligned}
\text{평균 흘수} &= 7.00\,\text{m} \\
\text{현재 트림의 } 1/2 &= +0.30\,\text{m} \\
\hline
\text{현재 선미 흘수} &= 7.30\,\text{m} \\
\text{침하량} &= \frac{w}{2500}\,\text{m} \\
\hline
& \quad 7.3 + \frac{w}{2500}\,\text{m} \\
\text{요구 흘수} &= 7.2\,\text{m} \\
\hline
\text{요구되는 변화량} &= 0.1 + \frac{w}{2500}\,\text{m} = \left(10 + \frac{w}{25}\right)\text{cms} \quad \text{----------- (II)}
\end{aligned}
$$

$$
\begin{aligned}
\text{이제 식 (II)} &= \text{식 (I)} \\
\text{요구되는 변화} &= \text{선미 트림 변화} \\
10 + \frac{w}{25}\,\text{cm} &= \frac{60w}{288}\,\text{cm} \\
\frac{5w}{24} - \frac{w}{25} &= 10 \\
w &= 59.4\,\text{톤}
\end{aligned}
$$

위 문제 형태를 푸는 또다른 방법을 다음의 예제에 나타내었다.

예제 48

길이가 120 m, MCT 1 cm가 120톤－미터, TPC가 15인 선박의 선수 흘수는 6.8 m이며 선미 흘수는 7.1 m이다. 선체 중앙에서 4 m 선미 쪽에 위치한 LCF로부터 선미 쪽으로 50 m 떨어진 지점에 그 무게 중심이 있는 선미 피크 탱크로부터 물을 펌프로 빼내어 선미 흘수를 6.8 m가 되게 하려 한다. 빼내어야 할 물의 최소량은 얼마인가?

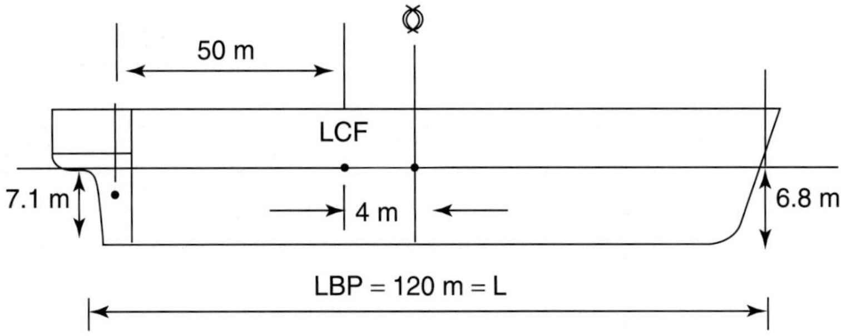

그림 5.12

선미 피크 탱크에서 빼냈을 때 선체가 y cm만큼 떠오른다고 하자.

펌프로 빼낸 물의 양은 15y톤이 될 것이다.

선미 흘수 = 7.10 m or	710 cm
선체 부상량 =	y cm
	(710 − y) cm
요구 흘수	680 cm
요구되는 변화량	(30 − y) cm

이 흘수 변화에 의한 트림 변화는 $(30 - y)\,\frac{120}{56}$

이로 인한 모멘트는 $(30 - y)\,\frac{120}{56} \times 120$톤−미터

AP에서의 배수로 인한 모멘트는 $15y \times 50$ 톤−미터

$$\text{그러면 } 15y \times 50 = (30 - y)\,\frac{120}{56} \times 120$$

$$\text{그러므로 } y = 7.659$$

$$\text{펌프로 배수한 물의 양} = 15y$$

$$= 114.9\text{톤}$$

참 평균 흘수

부심(LCF)에서의 흘수가 평균 흘수의 참값이다. 이 흘수는 선수나 선미 쪽으로 중량을 이동시켜 선박에 트림이 발생하더라도 변하지 않는다. 부심이 선체 중앙에 있지 않는 한 평균 흘수는 트림으로 인해 변화한다. 참 평균 흘수를 얻기 위해 겉보기 평균 흘수를 보정하는 방법이 있는데, 다음의 예제에서 이를 예시하도록 한다. 이 보정 방법은 부력 추가층 수정(correction for layer)이라 하기도 한다.

대형 유조선 같은 비대선형과 컨테이너선 같은 세장선형은 LCF의 위치가 선체중앙에서부터 각각 선수 쪽으로 3% L과 선미 쪽으로 3% L의 지점에 위치하기 때문에 이러한 참 평균 흘수의 개념이 매우 중요한 고려사항이 된다. 흘수의 보정은 배수량에서의 큰 차이를 의미할 수 있다.

*참 평균 흘수*는 수선 상에서 LCF 바로 아래에서 측정한다. *평균 흘수*는 선체 중앙에서 측정한 값, 즉 $\frac{\text{선미 흘수} + \text{선수 흘수}}{2}$이다.

예제 49

길이가 150 m이고 TPC가 20인 선박의 선수 흘수는 6.8 m이고 선미 흘수는 8.0 m이다. 이 선박의 LCF는 선체 중앙에서 선미 쪽으로 5 m인 곳에 위치한다. 선적 후의 흘수가 7.70 m 등흘수(even keel)가 하려면 얼마만큼의 화물을 적재해야 하는가?

현재의 흘수: 선수 = 6.8 m, 선미 = 8.0 m } 선체 중앙에서의 평균 흘수는 7.4 m

트림 = 선미 트림 1.2 m

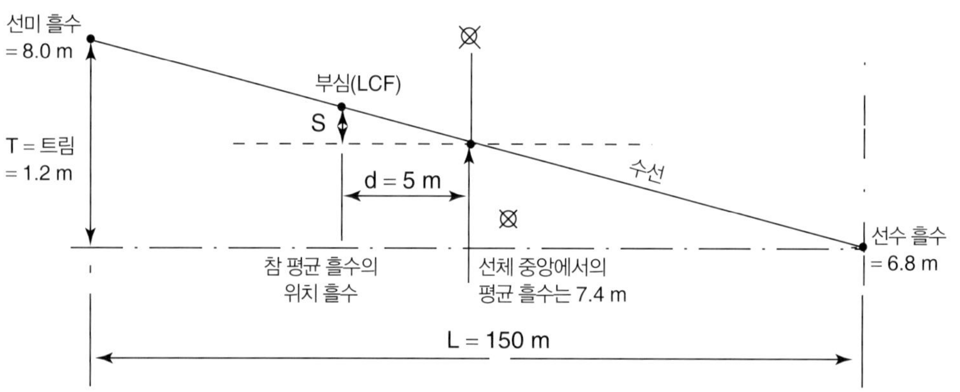

그림 5.13

LCF 위치 아래에서의 흘수와 선체 중앙에서의 흘수와의 차이를 cm 단위로 나타낸 것을 S라 하자. 전자의 흘수가 참 평균 흘수이다.

d = 선체 중앙에서 LCF까지의 거리

T = 트림(cm), L = 선박 길이(m)

삼각형의 상사법칙에서, $\frac{S}{d} = \frac{T}{L}$. 그래서 $S = \frac{T \times d}{L} = \frac{120 \times 5}{150}$

그러므로 S = 4 cm 또는 0.04 m.

$$\begin{aligned}
\text{선체 중앙에서의 평균 흘수} &= 7.40\text{ m} \\
\text{S에 의한 양(+)의 보정} &= \underline{0.04\text{ m}} \\
\text{참 평균 흘수} &= 7.44\text{ m, LCF 지점} \\
\text{요구 흘수} &= \underline{7.70\text{ m, LCF 지점}} \\
\text{요구되는 선체 침하} &= \underline{0.26}\text{ m 또는 26 cm, 이를 }\delta\text{d라 하자} \\
\text{적재해야 할 화물 중량} &= \delta d \times TCP = 26 \times 20 \\
&= 520\text{ 톤.}
\end{aligned}$$

선체 끝단부 격실의 충수(bilging)

선체 중앙부 격실 충수의 영향은 예제 8과 9에서 살펴 보았다. 선체 끝단부 격실에 물을 채울 경우 부력의 손실이 발생하고 그 결과 선체의 침하가 생겨난다. 선체 끝단부에서 부력의 손실이 발생하면 부력 중심(center of buoyancy)이 끝단부에서 멀어지는 쪽으로 이동하게 되고, 이 부력 중심의 이동은 총 부력이 작용하는 트림 레버가 되어 트림 모멘트를 발생시키고, 그 결과 트림의 변화가 발생한다.

선체 끝단부에서의 수면 면적의 손실 또한 부심(center of flotation)의 이동을 야기시켜 트림 변화로 인한 선수 및 선미 흘수 각각의 변화가 동일하지 않게 된다. 다음의 예제에서 이를 설명하도록 한다.

예제 50

길이가 170 m이며 폭이 15 m인 상자형 선박이 흘수가 4 m인 등흘수 상태로 해수 중에 떠있다. 길이가 10 m이고 폭은 선폭과 같은 선수 끝단 격실에 물을 채운다. 이 선박의 MCT 1 cm의 값이 100 톤-미터일 경우 새롭게 형성된 흘수를 계산하라.

$$\text{선체 침하량} = \frac{\text{손실된 부력}}{\text{비손상 수선면적}} \text{ (14쪽 참조)}$$

$$= \frac{15 \times 10 \times 4}{(170 - 10) \times 15} = 0.25\text{ m}$$

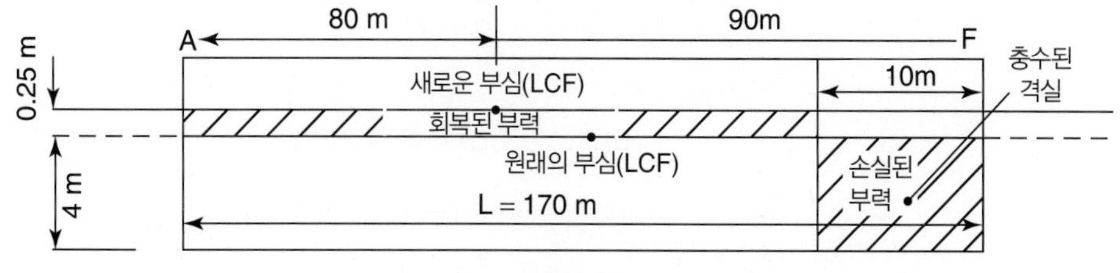

그림 5.14

선부 끝단에서 손실된 부력은 수선의 손상되지 않은 부분으로 전달된다. 실용적인 목적으로 선수에서의 부력 손실을 중량의 적재로서 취급할 수 있다. 부심(LCF) 위치가 변화되었음을 유의해야 하는 데, 이는 매우 중요한 변화이다.

$$
\begin{aligned}
\text{손실 부력} &= 15 \times 10 \times 4 \times 1.025 = 615\text{톤} \\
&= 615 \times 85 = 52\,275\text{톤-미터} \\
\text{트림 변화} &= \frac{\text{발생한 모멘트}}{\text{MCT 1 cm}} = \frac{52\,275}{100} \\
&= \text{선수 트림 } 522.75\ \text{cm} \\
\text{선수부 트림 변화} &= \frac{522.75 \times 90}{170} = 276.75\ \text{cm 증가} \\
\text{선미부 트림 변화} &= \frac{522.75 \times 80}{170} = 246.00\ \text{cm 감소}
\end{aligned}
$$

	선미	선수
원래의 흘수	4.000 m	4.000 m
침하량	0.250 m	0.250 m
	4.250 m	4.250 m
트림 변화	−2.460 m	+2.768 m
새로운 끝단 흘수	1.790 m	7.018 m
	약 1.79 m	약 7.02 m

물의 밀도가 서로 다른 수역 통과 시의 흘수 변화

선박이 물의 밀도가 높은 수역에서 밀도가 낮은 수역으로 통과할 때는 선체 침하뿐 아니라 경미하게 트림의 변화도 겪게 된다. 이에 관련된 원리를 예제 51에서 설명한다.

선체의 침하와 더불어 선체의 부력 중심도 이동하게 된다. 부력 중심은 부력이 추가된 층의 기하학적 중심(즉, 도심)으로 이동한다. 부력 중심이 그 부력 추가층의 도심 아래에 수직으로 위치하지 않는다면 부력 중심은 수직으로 뿐만 아니라 선수미 방향으로도 이동하게 될 것이다. 실용적으로는 부심(center of flotation)을 그 부력 추가층의 도심으로 간주할 수 있다. 그림 5.15를 참조하라.

선수 및 선미 위치의 변화로 인해 중력과 부력 사이의 레버가 형성되는데 이 레버는 트림 모멘트를 생겨나게 하는데, 이는 중력 중심과 부력 중심이 동일한 수직선 상에 있을 때에만 그 선박이 종방향의 평형 상태를 유지하기 때문이다.

$$BB_1 = \frac{v}{V} \times (\text{B와 } C_f\text{의 거리})$$

여기에서 v는 추가된 부력층의 부피

V는 선체에 의한 밀려난 물의 부피

부력 중심의 이동 거리인 BB_1의 수평 성분은 트림 레버의 길이인데, 부력 추가층의 부피에 부심(center of flotation)과 부력 중심(center of buoyancy) 간의 선수미 방향의 거리를 곱하고 배수량의 부피로 나누어서 계산할 수 있다. 트림은 언제나 부력 중심의 이동 방향과 *반대 방향*이다.

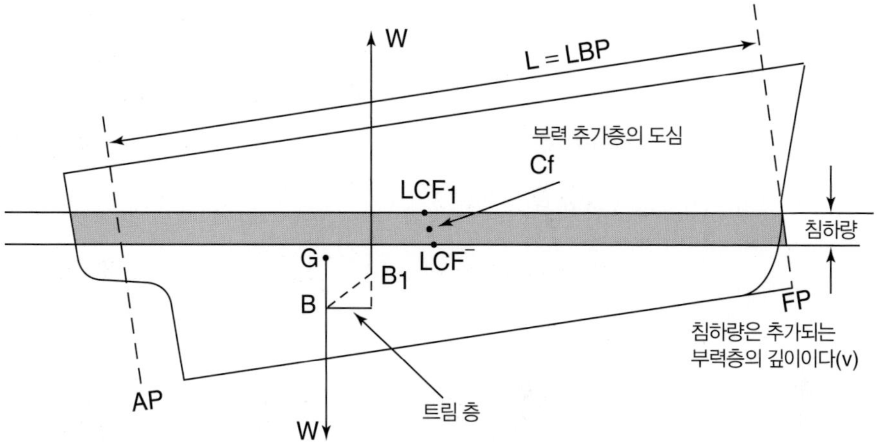

그림 5.15

선박이 물의 밀도가 낮은 수역에서 더 높은 수역으로 통과할 때에도 흘수의 변화가 발생하게 되는데, 그 효과는 위에서 서술한 것과는 반대로 나타나게 된다.

예제 51

수선 길이가 200 m이고 폭이 25 m인 상자형 선박이 해수에 선수 흘수 9.0 m와 선미 흘수 11.0 m로 떠 있다. 이 선박이 담수 수역을 통과할 때의 흘수를 계산하라.

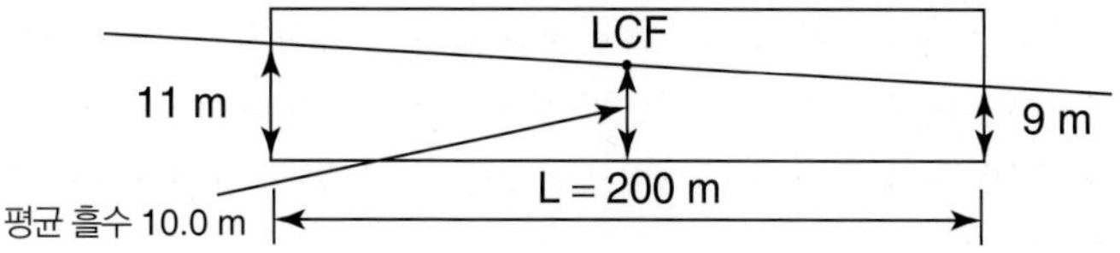

그림 5.16

원래의 흘수 선수 9.0 m, 선미 11.0 m } 평균 10.0 m

트림 선미 2.0 m = 선미 200 cm

$$\text{해수 중에서의 배수 용적} = 200 \times 25 \times 10 = 50\,000\,\text{m}^3$$

$$\text{담수 중에서의 배수 용적} = 50\,000 \times \frac{1.025}{1.000} = 51\,250\,\text{m}^3$$

$$\text{부력층의 용적} = 12\,50\,\text{m}^3$$

$$\text{선체 평균 침하} = \frac{\text{부력층의 용적}}{\text{부력층의 면적}} = \frac{1250}{200 \times 25} = 0.25\text{ m}$$

($GM_L = BM_L$인 것으로 가정)

$$\text{MCT 1 cm} = \frac{W \times GM_L}{100\,L} = \frac{50\,000 \times 1.025 \times 200 \times 200}{100 \times 200 \times 12 \times 10} = 854\text{톤-미터}$$

$$\text{선체 중앙 뒤쪽에 위치한 부력 중심 B의 원래 거리} = \frac{\text{원래의 트림 모멘트}}{\text{배수량}} = \frac{854 \times 200}{51\,250}\text{ m}$$

(부심 CF는 수선면이 사각형이므로 중앙에 위치) $= 3.333$ m.

$$\text{부력 중심 B의 수평 이동} = \frac{1250}{51\,250} \times 3.333 = 0.0813\text{ m.}$$

$$\text{트림 변화} = \frac{\text{배수량} \times \text{레버}}{\text{MCT 1 cm}} = \frac{51\,250 \times 0.0813}{854}$$

$=$ 선미 4.88 cm.

즉 트림 변화량은 매우 작음

	선수	선미
해수에서의 원래 흘수	11.000 m	9.000 m
선체 평균 침하	0.250 m	0.250 m
	11.250 m	9.250 m
트림 변화량	+ 0.024 m	−0.024 m
담수에서의 흘수	11.274 m	9.226 m
	약 11.27 m	약 9.23 m

실제에 있어서는 경미한 수준의 트림 변화는 무시한다. 그렇지만 시험을 준비하기 위해서는 물의 밀도 변화에 변화에 따른 트림의 발생을 이해하고 계산할 수 있어야 한다.

CHAPTER

06 입거

Drydocking

선박이 수리나 정기검사를 위해 드라이 도크에 입거할 때는 주로 선미 트림을 지게해서 드라이 도크(drydock)에 놓이게 된다. 이렇게 하면 선미부를 블록에 놓을 수 있게 되고, 종방향으로 거치된 블록에 선저 키일을 정렬하기 위한 중심점으로 사용할 수 있게 된다. 만일 선박이 선미 트림을 지게하지 않는다면 고도의 기술로 아주 조심스럽게 선수미에 계류를 실시해야 한다.

선박이 맨 처음 블록 위에 닿게 되면 선박의 전체 중량은 도크 내 물의 부력에 의해 지지된다. 물을 도크로부터 빼내게 되면 물의 부력 중 일부는 키일 블록에 전달되게 되는 데, 이것을 상방향 반력(P)이라고 한다. 이 상방향 반력은 GM의 손실을 초래한다는 것을 보일 것이다. 그 어떠한 GM의 손실일지라도 당연히 선박의 복원력의 손실을 초래한다.

선박의 불안정이 발생하는 GM 손실을 방지하기 위해서는:

(a) 선박은 적절한 수준의 GM을 가져야 한다.

(b) 선박 내 탱크 내부의 자유표면 효과를 최소화 하여야 한다.

(c) 선박의 선미 트림이 지나치게 크지 않게 해야 한다. 실제적으로 입거 전 선박의 종경사(혹은 트림)는 선미 트림이 0.3 m에서 1.0 m가 되게 한다.

선박의 입거 과정에서 가장 위험한 순간은 선수와 선미가 블록에 닿기 직전이다. 입거 시키는 선박이 전체 길이에 걸쳐 블록 위에 거치되기 전까지는 버팀목이 단단히 조여있는 상태가 아니므로 그 순간까지도 선박은 양의 복원성을 유지해야만 한다. 버팀목이 단단히 조여져 고정되기까지 선박이 블록 전체와 닿게 되면 드라이 도크의 배수를 멈추게 된다.

선측에 버팀목을 부착하는 경우에는 버팀목의 끝단이 선박의 늑골(frame) 상에 위치시켜야 하는데, 가능하다면 훨씬 더 큰 강도를 가지는 부분인 늑골과 종통재(stringer)의 교차지점에 부착하여야 한다.

위험한 순간은 선박을 다시 물에 뜨게 할 때도 발생한다. 이때의 중량 분포는 선박이 물이 없는 드라이 도크 내에 거치된 상태의 중량 분포와 비슷해야만 한다. 선박이 블록 전체에 거치되면 선박 탱크 내의 수심을 측정해야 하고 선박이 다시 물에 뜨게 될 때에도 탱크 수심 측정을 해야 한다.

선박의 선저에 있는 탱크 마개가 제거되었다면 드라이 도크에 물이 차기 전에 다른 동료 작업자는 그 탱크 마개들이 교체되었음을 확인해야 한다.

드라이 도트 내에 거치된 동안에 버팀목으로부터의 소화 호스는 선박의 소화주관(fire main)에 연결되어야만 한다. 선박 현측으로 실시하는 배수는 중단해야 한다.

상방향 반력 'P'의 계산

그림 6.1에 나타낸 충각 선수(ram bow)는 구상 선수와 비슷한 장점을 제공하며, 선박의 선수부 제작에 필요한 비용도 더 적게 든다.

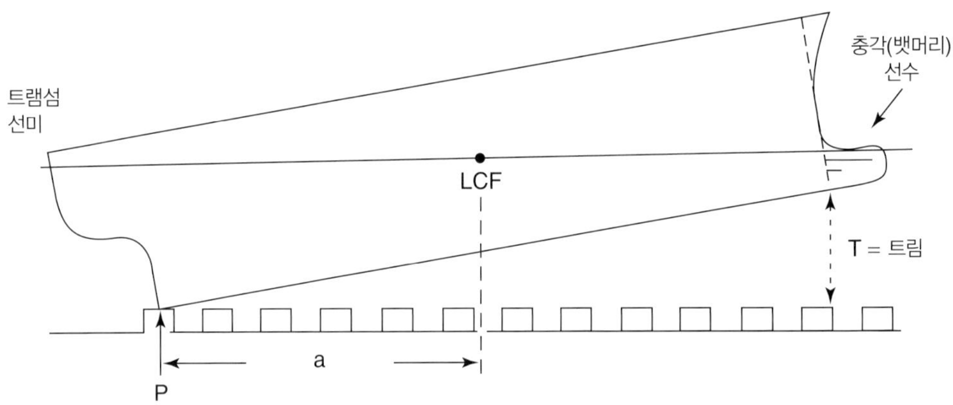

그림 6.1

위 다이어그램에서

P는 상방향 반력

A는 부심(LCF)으로부터 선미재(sternpost)까지의 거리

T는 트림

선박의 선수와 선미를 블록 위에 거치하기 위해서는 트림 T cm를 변화시키기 위한 모멘트가 발생되어야만 한다. LCF 전방에 중량을 적재하든지 LCF 후방의 중량을 제거하든가, 선미 쪽에서 선수 쪽으로 중량을 이동시키든지 또는 선박의 선미부를 들어 올려 이 모멘트를 발생시킬 수 있다.

위에서 언급한 방법 중 마지막 방법은 상방향 반력의 역할이라 할 수 있다. 이것으로 발생시키는 모멘트는 P × a가 된다.

$$\text{그러면: 발생시킨 모멘트} = \text{발생되어야 할 모멘트}$$

$$\text{즉 } P \times a = T \times MCT\ 1\ cm$$

$$\text{그러므로 } P = \frac{T \times MCT\ 1\ cm}{a}$$

주의: P는 선미가 블록에 닿는 순간의 반력이다.

이 순간 전의 모든 시점에서의 반력은 위 수식에 나타난 트림 T가 생겨나는 순간까지의 트림 변화를 대입하여 구할 수 있다.

선박이 블록 위에 거치되어 등흘수 상태에 있다면 반력은 그 드라이 도크에서 빼내어 진 물의 깊이 매 cm에 해당하는 TPC와 동일한 양만큼 증가하게 될 것이다.

$$\text{즉 } P = TPC \times \text{빼내어 진 물의 깊이만큼의 cm}$$

GM 손실량 계산

각도 $\theta°$ 만큼 경사진 선박을 생각하자.

$\theta°$는 가장 작은 각도일 수도 있다(예를 들어 1초의 원호).

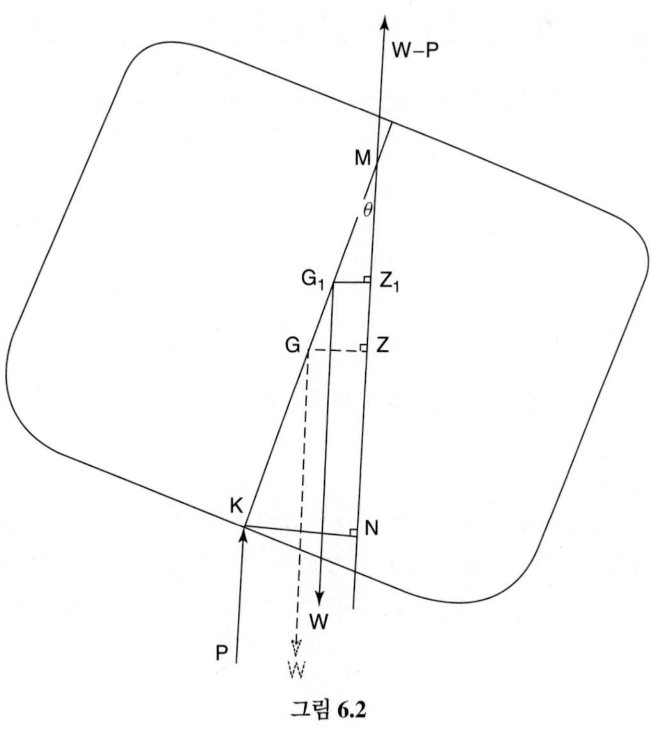

그림 6.2

M에 대하여 모멘트를 취하면(M은 고정되어 있다고 간주한다)

$$W \times GZ - P \times KN = W \times G_1Z_1$$

$$\text{또는 } W \times GM\sin\theta - P \times KM\sin\theta = W \times G_1M\sin\theta$$

$$\text{그러면 } W\,(GM - G_1M) = P \times KM$$

$$\text{즉 } GM - G_1M = \frac{P \times KM}{W}$$

(이것은 GM의 손실량이다)

또 다른 방법으로는, 만일 P를 키일에서 제거한 중량으로 간주한다면 G의 이동이나 GM의 손실량은 G에 대하여 모멘트를 취해서 구할 수 있다.

$$\text{그러면 GM의 손실량} = \frac{P \times KG}{W - P}$$

위 두 약산식 중 어떤 것을 사용하더라도 문제를 풀 수 있다. 비록 두 방법에 이용되는 유효 GM 또는 GZ의 값에는 차이가 나겠지만, 선박 복원력에 중요한 물리량인 복원 모멘트의 크기에는 차이가 없다. 복원 모멘트가 같게 되는 이유는 두 방법에 사용되는 각각의 GZ에 각각 다른 배수량을 곱하기 때문인데, 첫 번째 방법의 수식에는 W가 사용되고 두 번째 방법의 수식에는 W − P가 사용된다. 이것에 관련하여 예제 53에서 예시하도록 한다.

예제 52

배수량이 3000톤이며 KM이 4.5 미터(고정된 값으로 간주)이고 MCT 1 cm가 80톤-미터인 어떤 선박이 선미 트림 50 cm 상태이다. 선미재(sternpost)는 부심으로부터 선미 쪽 40미터 지점에 있다. 선미가 블록에 닿는 순간의 GM 손실을 계산하라.

$$P = \frac{\text{C of T} \times \text{MCT 1 cm}}{a} = \frac{50 \times 80}{40} = 100\text{톤}$$

$$\text{GM의 손실량} = \frac{P \times KM}{W} = \frac{100 \times 4.5}{3000} = 0.15\text{미터}$$

예제 53

배수량이 4000톤, TPC가 12, KM(고정으로 간주)이 4.2 m, KG가 3.2 m인 선박이 등흘수(even keel) 상태로 떠 있다. 이 선박을 드라이 도크에 입거시켜 바닥에 설치된 블록 위로 내려 거치했다. 드라이 도크 내의 물을 0.45 m 만큼 더 빼냈다면 이 선박의 유효 GM은 얼마가 되는가? 또한 최종 복원 모멘트는 얼마가 되는가?

$$P = TPC \times \text{배수 cm}$$
$$= 12 \times 45 = 540\text{톤}$$

$$\text{GM의 손실} = \frac{P \times KM}{W} = \frac{540 \times 4.2}{4000} = 0.567\,\text{m}$$
$$\text{원래의 GM} = \underline{1.000\,\text{m}}$$
$$\text{유효 GM} = \underline{0.433\,\text{m.}}$$

다른 방법으로 계산하면:

$$\text{GM의 손실} = \frac{P \times KG}{W - P} = \frac{540 \times 3.2}{3460} = 0.499\,\text{m}$$
$$\text{원래의 GM} = \underline{1.000\,\text{m}}$$
$$\text{유효 GM} = \underline{0.501\,\text{m}}$$

$$\left.\begin{aligned} \text{복원 모멘트} &= 0.433 \times 4000 &&= 1732\,\text{톤-미터} \\ \text{또는} &= 0.501 \times (4000 - 540) &&= 1733\,\text{톤-미터} \end{aligned}\right\}$$

이 계산 결과로 예제 52의 앞 부분에서 서술한 내용을 증명하였다.

CHAPTER

07 수압 및 유압

Water and Oil Pressure

압력은 단위 면적 당 작용하는 힘인 데, 이 장에서 힘은 유체의 수두(head of liquid)에 의해 발생한다.

담수 표면 아래에 있는 1제곱 미터의 면적을 생각하자. 이 면적 위에 있는 물의 부피는 1 m^3이다. 1장에서 다룬 바와 같이 이 물 부피의 무게는 1톤 또는 1000 kgf이며 그 결과 압력은 1000 kgf/m^2이다. 동일한 면적에 대하여 담수의 깊이가 2 m로 증가되었다면 물의 부피는 2 m^3으로 증가하게 되고 그 무게는 2톤 또는 2000 kgf가 되어 압력은 이제 2000 kgf/m^2이다. 만일 물의 깊이가 더 증가하게 된다면 압력도 역시 증가할 것이다. 그러므로 압력은 깊이에 따라 직접적으로 변한다. 수평한 면적의 경우 깊이는 또한 압력 수두(pressure head)인데, 다음 페이지에서 압력 수두를 더 자세히 언급할 것이다.

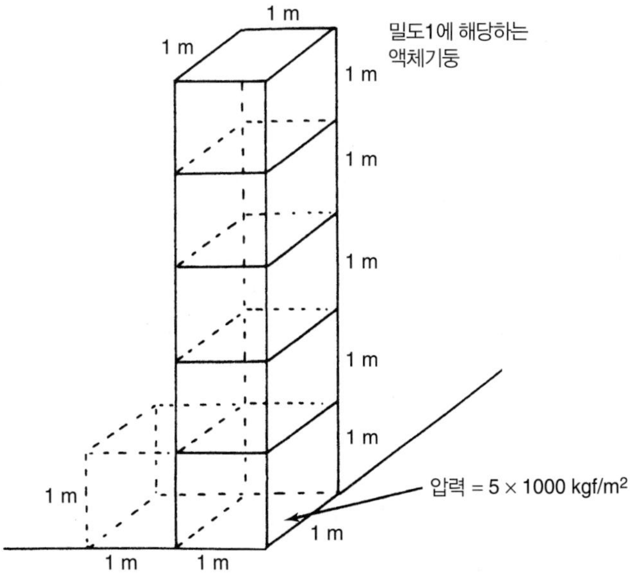

그림 7.1

담수가 아닌 물이었다면 세제곱미터 당 무게가 1톤보다 더 클 것이었고 담수 보다 밀도가 더 작은 유체의 경우에는 무게가 1톤보다 더 작게 되었을 것이다. 압력 또한 담수에 대한 것과는 다를 것이므로 압력은 직접적으로 밀도 또는 실용적으로는 상대 밀도에 따라 변한다.

물 아래의 면적을 증가시키면 그 면적 위에 있는 물의 부피가 증가하게 된다. 물의 깊이는 1미터로 고정되어 있는 반면 그 물 아래의 면적은 5제곱미터로 증가했다고 가정하자. 그 면적 위에 있는 물의 중량은 5톤 혹은 5000 kgf이지만 단위 면적당 중량은 단지 5000/5 kgf/m^2 또는 1000 kgf/m^{2}이다. 그래서 압력은 그 압력이 작용하는 면적에 대하여 독립적이지만, 전체 면적에 대한 중량은 압력이 작용하는 면적에 의해 좌우된다. 어떤 면적에 걸친 유체의 총 중량을 쓰러스트(thrust: 액체의 압력에 의한 힘)라 부른다.

요약하면,

$$\text{어떤 면적에 대한 쓰러스트} = A \times h \times \rho\text{톤} = P$$

여기에서 A는 압력을 받는 면적(m^2)
H는 압력 수두(m)
ρ는 유체의 밀도(ton/m^3)

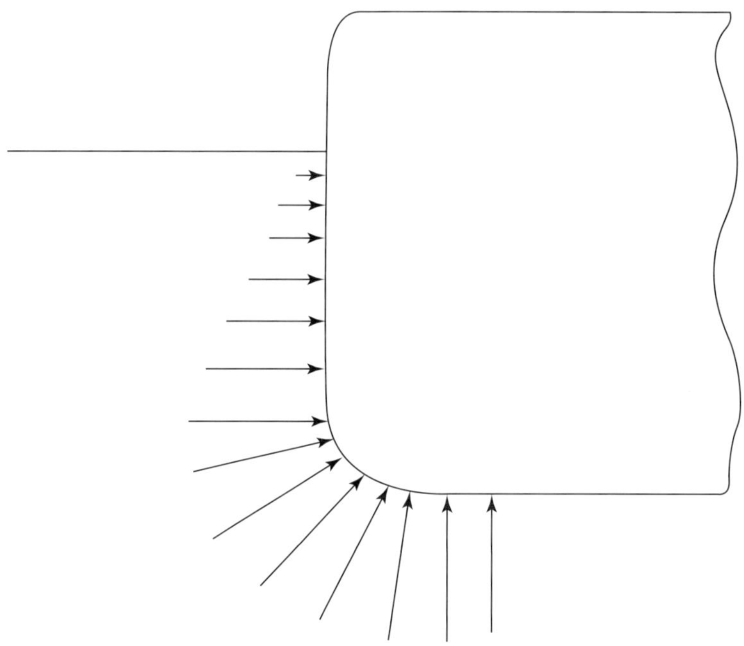

그림 7.2

쓰러스트는 물에 잠긴 표면에 항상 직각으로 작용하며, 어떤 수심에서라도 위쪽, 아래쪽, 옆쪽 그리고 그 어느 방향으로라도 동일하다. 어떤 면적에 작용하는 쓰러스트를 구하는 데 이용하는 압력 수두는 그 유체 표면 아래의 면적의 기하학적 중심임을 보일 것이다.

어떤 면적의 압력 중심은 총 쓰러스트가 작용한다고 간주되는 면적 위에 존재하는 점이다. 이 점을 계산할 필요는 없다. 그러나 명심해야 할 것은, 만약 어떤 격벽의 한쪽 면에 침수가 발생하여 격벽의 다른 쪽 면에 지주(또는 버팀목)를 설치해야만 때, 지주를 위치시킬 가장 효과적인 지점은 압력 중심이라는 것이다. 수직으로 설치된 사각형 면적(통상의 격벽 형태)에 대한 압력 중심은 표면 아래 $\frac{2}{3}$ 깊이에 있다. 삼각형 면적(선수부의 충돌 격벽)에 대한 압력 중심은 깊이의 1/2 지점에 있다.

예제 54

길이가 20 m이고 폭이 5 m인 이중저 탱크를 수두가 2.5미터인 염수 중에서 시험을 실시하고 있다. 이중저 탱크 상부의 상판에 작용하는 쓰러스트를 계산하라.

$$\text{쓰러스크} = A \times h \times \rho_{sw} = P$$

$$P = (20 \times 15) \times 2.5 \times 1.025$$

$$P = 768.75\text{톤}$$

예제 55

폭이 20 m이고 깊이가 15 m인 갑문의 한쪽면에는 수심이 6 m이고 상대 밀도가 1.025의 물(염수)이 있고, 다른 면에는 수심이 10 m이며 상대밀도가 1.012인 물(담수)이 있다. 각 면에 작용하는 쓰러스트, 쓰러스트의 합력, 그리고 쓰러스트의 합력이 작용하는 압력 중심을 바닥을 기준으로 하여 계산하라.

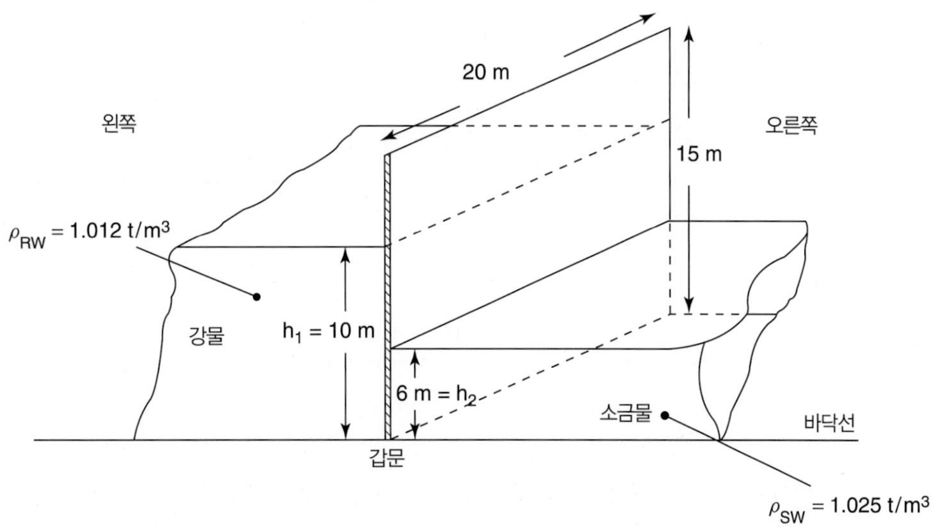

그림 7.3

소금물 면:

$$P = \text{쓰러스트} = A \times h_2 \times \rho_{SW}$$
$$P = 20 \times 6 \times 3 \times 1.025$$
$$P = 369\,\text{톤}$$

담수 면:

$$P = \text{쓰러스트} = A \times h_1 \times \rho_{RW}$$
$$P = 20 \times 10 \times 5 \times 1.012$$
$$P = 1012\,\text{톤}$$

	쓰러스트	*압력 중심 (바닥에서부터)*	*압력 모멘트*
왼쪽: 강물	1012	10/3 = 3.33 m	3370
오른쪽: 소금물	−369	6/3 = 2.00 m	−738
	643톤		2632톤−미터

$$\text{쓰러스트 합력} = 643\text{ 톤}$$

$$\text{압력 중심} = \frac{\text{모멘트 합}}{\text{쓰러스트 합}} = \frac{2632}{643} = \text{왼쪽 바닥 위 } 4.09\text{ m}$$

주의:

강물에 대해서 압력 중심은 액체의 맨 위 표면에서부터 2/3 h_1 지점에 작용한다. 이 지점은 바닥으로부터 위 1/3 h_1, 즉 10/3 m 또는 3.33 m와 동일하다.

소금물에 대하여는 압력 중심은 액체의 맨 위 묘면에서부터 2/3 h_2 지점에 작용한다. 이 지점은 바닥으로부터 위 1/3 h_2, 즉 6/3 m 또는 2 m와 동일하다.

최종 해를 아래 그림과 같이 그릴 수 있다.

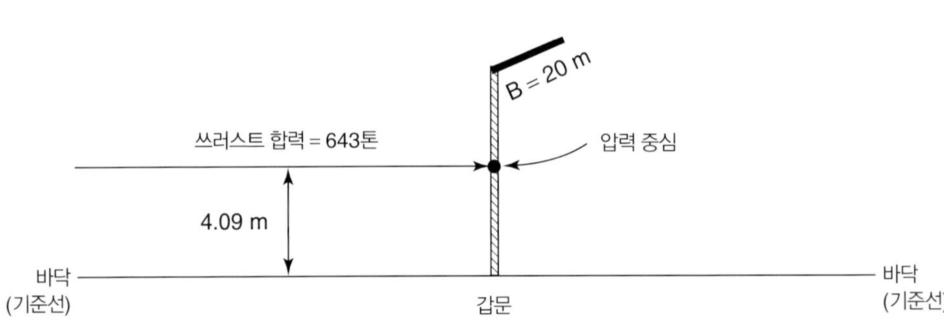

그림 7.4

예제 56

길이가 75 m이고 폭이 10 m이며 깊이가 7 m인 상자형 선박이 흘수 5m로 담수에 떠 있을 경우 선저 외판에 작용하는 상방향 쓰러스트 'P'를 계산하라.

$$
\begin{aligned}
\text{쓰러스트 } P &= A \times h \times \rho \\
P &= (75 \times 10) \times 5 \times 1.000 \\
P &= 3750 \text{ 톤}
\end{aligned}
$$

선저 외판에 작용하는 이 쓰러스트는 선박의 배수량과 같다는 것을 주목해야 한다. 부유(물에 뜸)의 원리는 부력에 의한 상방향 쓰러스트가 선박의 배수량과 같다는 것이기 때문에 예견할 수 있는 결과이다.

이제 격벽의 단면 형상이 *삼각형*이고 유체 압력은 격벽의 한쪽 면에는 *물*이고 다른 쪽 면에는 *기름*인 경우의 예제를 고려하자.

예제 57

주 횡격벽의 형상이 삼각형이다. 격벽의 양면에는 그림 7.5에 나타낸 바와 같이 유체 압력이 작용하고 있다. 쓰러스트의 합력을 구하고 선저 기선을 기준으로 해서 압력 중심 지점을 계산하라.

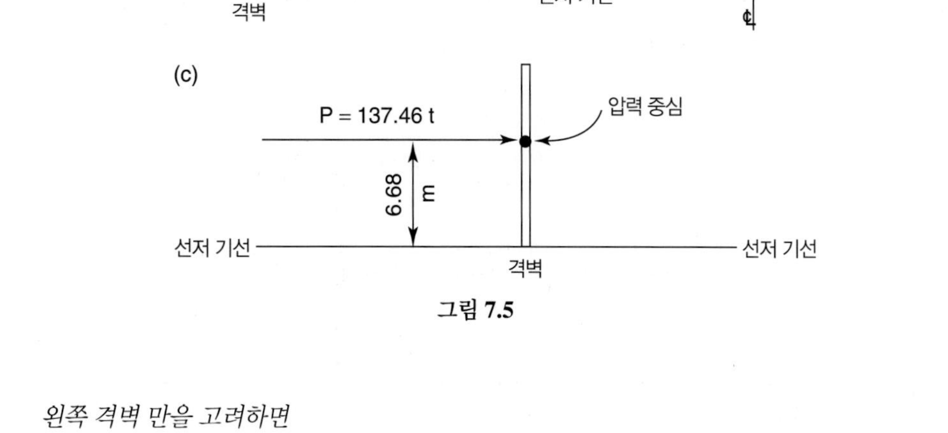

그림 7.5

왼쪽 격벽 만을 고려하면

$$P = \text{쓰러스트} = A \times h_1 \times \rho_{SW}$$
$$= \frac{12 \times 7.5}{2} \times \frac{12}{3} \times 1.025$$

= *184.5*톤, 발라스트 수의 맨 위 표면에서부터 1/2 h_1 지점인 선저 기선 위쪽 6 m 지점에 작용.

오른쪽 격벽 만을 고려하면,

$$P = \text{쓰러스트} = A \times h_2 \times \rho_{OIL}$$
$$= \frac{8 \times 5}{2} \times 8/3 \times 0.882$$

= 47.04 톤, 연료유의 맨 위 표면에서부터 1/2 h_2 지점인 선저 기선 위쪽 4 m 지점에 작용.

Location	*쓰러스트*	*압력 중심 (바닥에서부터)*	*압력 모멘트*
왼쪽	184.50	6m	1107.00
오른쪽	−47.04	4m	−188.16
	$137.46 = \sum_1$		$918.84 = \sum_2$

쓰러스트 합력 = 137.46톤, 격벽의 왼쪽으로부터 작용

$$\text{압력 중심} = \frac{\sum_2}{\sum_1} = \frac{918.84}{137.46} = \text{선저 기선 위쪽으로 } 6.68\ \text{m}$$

최종 해를 그림 7.5(c)와 같이 도식화할 수 있다.

예제 58

압축가스 운반용의 원통형 압력용기의 길이는 12 m이고 지름은 7 m이다. 이 압축용기는 선박에 수직으로 부착된다. 이 압축용기의 맨 위 상부에서 견딜 수 있는 최대 압력은 0.6 kgf/cm^2이다.

만일 압력용기의 상부를 소금물을 이용하여 최대압력으로 수압 테스트를 하려면 급수 파이프의 어느 높이까지 물이 있어야 하는가? 이 때 압력용기의 상부에 가해지는 쓰러스트는 얼마인가?

시험에 사용하는 물이 담수이면 물 1 cm^3은 1그램의 무게가 되고 수심이 1 cm일 때 단위 면적 당 압력은 1 gf/cm^2이다. 단위 면적(cm^2)에 대하여 0.6 kgf (600 gf)의 압력이 요구된다면 수두 높이 600 cm가 필요하다.

물이 소금물이므로, 수두 높이는 $\frac{600}{1.025} = h$

그러므로 h =585.4 cm 또는 5.854 m.

압력용기 상부의 쓰러스트 P = 압력 수두 × 면적 × 밀도

$$\therefore \quad P = h \times \pi r^2 \times \rho = \frac{5.854 \times 22 \times 3.5 \times 3.5 \times 1.025}{7} = 231\text{톤}$$

예제 59

선수 피크 탱크를 감싸고 있는 충돌 격벽(collision bukhead)의 깊이가 24 m이다. 이 격벽은 꼭대기로부터 시작하여 등간격의 종좌표 34.0, 33.3, 32.5, 30.8, 26.5, 17.3, 그리고 6.2 m 가지고 있다. 화물창에 상대 밀도가 1.016인 물이 가득 차 있는 경우 쓰러스트와 격벽의 기선을 기준으로 한 압력 중심점을 계산하라.

종좌표 번호	좌표값	승수	면적함수	레버	모멘트 함수	레버	관성 함수
1	34.0	1	34.0	0	0	0	0
2	33.3	4	133.2	1	133.2	1	133.2
3	32.5	2	65.0	2	130.0	2	260.0
4	30.8	4	123.2	3	369.6	3	1108.8
5	26.5	2	53.0	4	212.0	4	848.0
6	17.3	4	69.2	5	346.0	5	1730.0
7	6.2	1	6.2	6	37.2	6	223.2
			$483.8 = \sum_1$		$1228.0 = \sum_2$		$4303.2 = \sum_3$

$$\begin{aligned} \textit{격벽 면적} &= \frac{1}{3} \times \textstyle\sum_1 \times h \\ &= \tfrac{1}{3} \times 483.8 \times 4 \\ &= 645.07\,m^2. \end{aligned}$$

$$\begin{aligned} \bar{y} = \text{자유수면 } \textit{아래}\text{의 무게중심 CG} &= \frac{\sum_2}{\sum_1} \times h \\ &= \frac{1228}{483.8} \times 4 \\ &= 10.153\,m. \end{aligned}$$

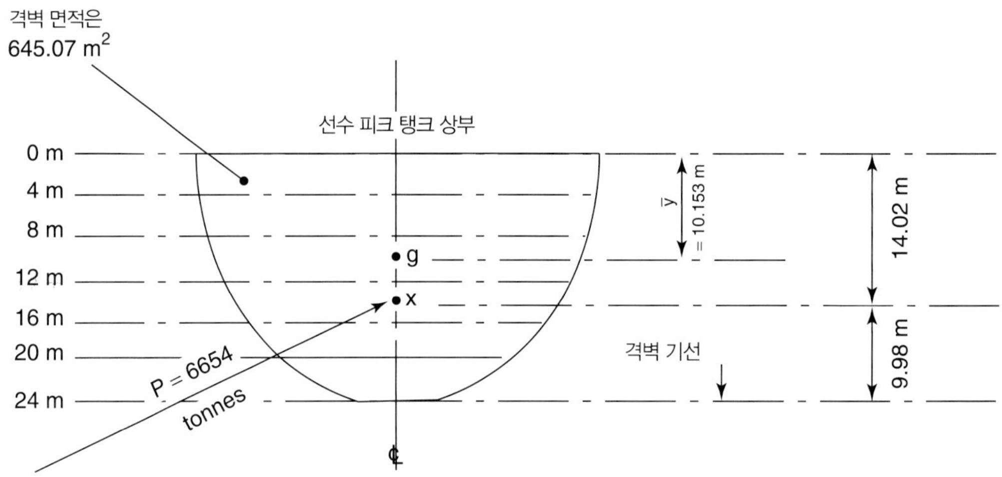

그림 7.6 ▶ 이 그림은 무게중심과 압력중심은 다르다는 것을 확실하게 보여준다. 이 두 값에 대해 혼란을 하는 경우가 많다.

격벽에 작용하는 쓰러스트 'P' $= A \times \bar{y} \times \rho$

$= 645.07 \times 10.153 \times 1.016$

$= 6654$톤

'P'에 대한 압력 중심 $= \dfrac{\sum_3}{\sum_2} \times h = x.$

압력의 중심 $= \dfrac{4303.2}{1228} \times 4 = x.$

압력의 중심 = 자유수면 아래로 14.02 m = x.

압력의 중심 = 격벽 기선으로부터 9.98 m

유의사항:

이런 종류의 문제를 풀 때는 항상 스케치를 하여 문제를 파악하는 것이 도움이 된다.

문제 풀이 절차:

1. 문제에서 제공된 정보를 바탕으로 스케치를 한다.
2. $\sum_1$, $\sum_2$ 및 $\sum_3$를 구하기 위해 계산표와 심프슨 공식을 이용한다.
3. 격벽의 면적 'A'를 계산한다.
4. 수직 무게 중심(VCG), 즉 유체표면 아래 지점의 $\bar{y}$를 계산한다.
5. $P = A \times \bar{y} \times \rho$ 식을 이용하여 쓰러스트를 계산한다.
6. 최종적으로 압력 중심의 위치를 유체 표면 상부에서부터 계산하고 이를 격벽 기선으로부터의 수직 거리로 수정한다.

CHAPTER 08

자유표면 효과

Free Surface Effects

유체의 표면이 자유롭게 운동하게 되면 유효 GM의 손실이 발생한다. 자유표면이 선박 내 어느 곳에 있더라도 상관없이 발생한다. GM의 손실이 얼마나 발생하더라도 선박의 복원성은 감소한다.

아래 그림에서 볼 수 있는 바와 같이, 탱크 내 유체의 운동은 선박의 무게중심을 아래 쪽으로 이동시킨다. 탱크 내에는 물이 반 정도 채워져 있고 그림에서와 같은 경사각에 대하여 선박의 무게중심이 g에서 g_1으로 이동하게 된다.

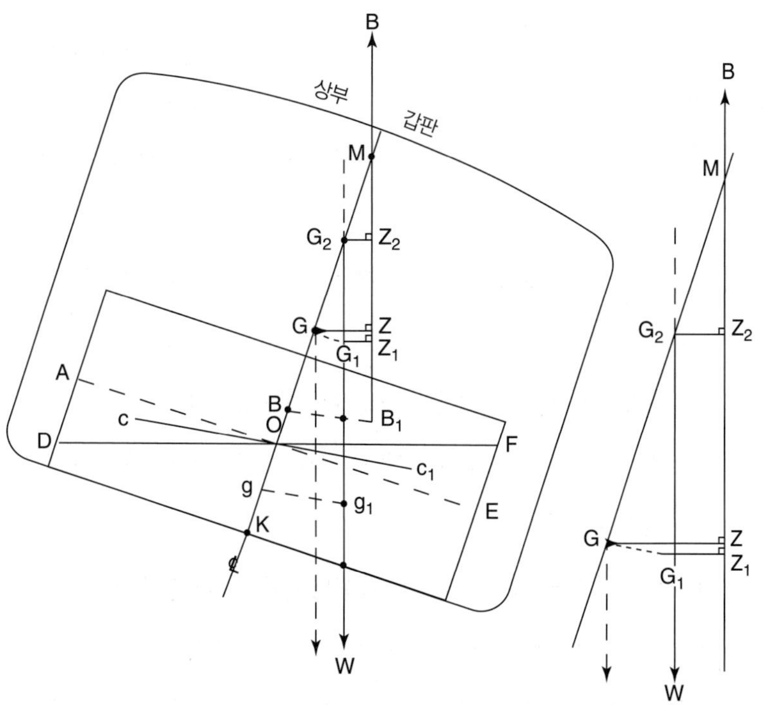

그림 8.1

만일 탱크 내에 물이 반보다 더 채워지면 동일한 경사각일지라도 선박 무게중심의 이동은 더 작아진다. 역으로 탱크 내에 물이 반 이하로 채워져 있으면 선박 무게중심의 이동은 더 커진다. 탱크 내에 물이 부분적으로 채워져 있을 경우를 '채우지 않은 탱크(slack tank)'라 부른다.

G가 G_1으로 이동하면 자유표면이 없는 경우보다 복원 레버가 감소하게 된다(선박의 경사각과 배수량은 변하지 않으므로 B_1은 고정되어 있다). 유효 복원 레버는 이제 G_1Z_1이 되었다. 복원 레버는 중력과 부력 간의 수직거리이며 어떤 위치에서든 편리한 지점에서 구할 수 있다. 자유표면 효과를 고려할 때는 중력이 작용하는 선이 선체 중심선을 통과하는 점에서부터 구하는 것이 편리한데, 이 점을 G_2라 하자. G_2Z_2는 G_1Z_1과 등가이므로 G_2M은 유효 GM이 된다. G_2는 가상의 선박 무게중심(실제 위치는 G_1이다)이고 GG_2는 자유표면 효과로 인한 가상의 GM 손실량이다.

l이 자유표면의 길이이고 b가 자유표면의 폭이라 하면 $\frac{b}{2}$ = 탱크 반폭 = AO = OE = y.

c는 유체가 원래 위치에 있을 때 유체 쐐기(AOD)의 무게 중심이며, c_1은 선박이 $\theta°$(미소각도) 만큼 경사졌을 때 유체가 운동하여 옮겨진 위치에서의 유체 쐐기(EOF)의 무게중심이다.

탱크 내 유체의 밀도를 ρ_t라 하자.

배가 떠있는 유체의 밀도를 ρ_s라 하자.

$$cO = C_1O \simeq \frac{2}{3}y \qquad \text{그래서} \ \ cc_1 \simeq \frac{4}{3}y$$

$$\text{쐐기 AOD의 부피} = y \tan\theta° \times \frac{y}{2} \times 1$$

$$\text{쐐기의 중량} = \text{부피} \times \rho_t$$

$$\text{쐐기가 c에서 } c_1\text{으로 이동하며 발생한 모멘트} = 1/2y^2 \tan\theta° \times 1 \times \rho_t \times \frac{4}{3}y$$

$$\text{호도법(circular measure)으로 표현하면 } \tan\theta° = \theta_R$$

$$\text{그러므로 모멘트} = \frac{2}{3}y^3 \times 1 \times \theta_R \times \rho_t$$

그러나 이 모멘트는 G를 G_1으로 이동시키므로

$$\text{따라서} \ \ GG_1 = \frac{\frac{2}{3}y^3 \times 1 \times \theta_R \times \rho_t}{V \times \rho_s}$$

$$\text{여기에서} \ \ V \times \rho_s = \text{선박의 배수량}$$

$$\text{또한} \ \ GG_1 = GG_2 \times \theta_R$$

$$\therefore GG_2 \times \theta_R = \frac{\frac{2}{3}y^3 \times 1 \times \theta_R \times \rho_t}{V \times \rho_s}$$

$$\frac{2}{3}y^3 \times 1 = \text{자유표면의 관성 모멘트(i)이므로}$$

$$GG_2 = \frac{i}{V} \times \frac{\rho_t}{\rho_s} \quad \text{또는} \quad \frac{i}{W} \times \rho_t$$

여기에서 y = 사각형 자유표면의 반폭이며, $i = \frac{2}{3} \times \left(\frac{b}{2}\right)^3 \times l = \frac{lb^3}{12}$

만약 자유표면이 선체 *종방향으로* 분할되어 있다면 가상의 GM 손실(GG_2)량은 분할 격실(compartment)의 개수(n)의 제곱에 반비례하게 변한다는 것을 알 수 있다.

$$\text{그러므로 } GG_2 = \frac{i}{W} \times \frac{\rho_t}{n^2} \text{ 미터}$$

이러한 자유표면 효과(FSE: free surface effects)를 제거하려면 탱크 내부를 가득 채우든가 완전히 비워야 한다.

예제 60

염수 중에서의 배수량이 8000톤인 선박에 길이가 20 m이고 폭이 16 m인 이중 선저 탱크가 있고 그 안에는 해수가 가득차지 않은 수위로 채워져 있다. 이 선박의 KM이 7 m이고 KG가 6 m 이라면, (a) 선저 이중 탱크가 구획이 되어 있지 않은 경우, (b) 선체 중심선에 구획이 된 경우, (c) 선체 중심선 구획이 있고 두 개의 측면 방수 거어드(girder)가 있는 경우에 대하여 유효 GM을 계산하라.

(a) $$\text{GM 손실량} = \frac{i}{W} \times \rho_t = \frac{lb_1^3 \times 1.025}{12 \times W}$$

$$= \frac{20 \times 16 \times 16 \times 16 \times 1.025}{12 \times 8000} = 0.875\,\text{m.}$$

GM 손실량 = 0.875 m = FSE (자유표면 효과)
GM = 1.000 m
유효 GM = 0.125 m

*3개*의 폭 b_1, b_2 그리고 b_3의 사용에 유의하라. 아래 첨자가 매우 중요하다.

이 결과는 수용할 수 *없다*. 이것은 $D.T_p$.의 최소값인 0.15 m 보다 작다!!

(b) $$\text{GM의 손실량} = 2\text{에서 } \frac{i}{W} \times \rho_t = 2\text{에서 } \frac{lb_2^3 \times 1.025}{12 \times W} \quad \text{또는} \quad \frac{lb_1^3}{12} \times \frac{\rho_t}{W} \times \frac{1}{n^2}$$

$$= 2\text{에서 } \frac{20 \times 8 \times 8 \times 8 \times 1.025}{12 \times 8000}$$

$$\text{또는} \quad \frac{20 \times 16^3 \times 1.025}{12 \times 8000 \times 2^2} = 0.2187\,\text{m.}$$

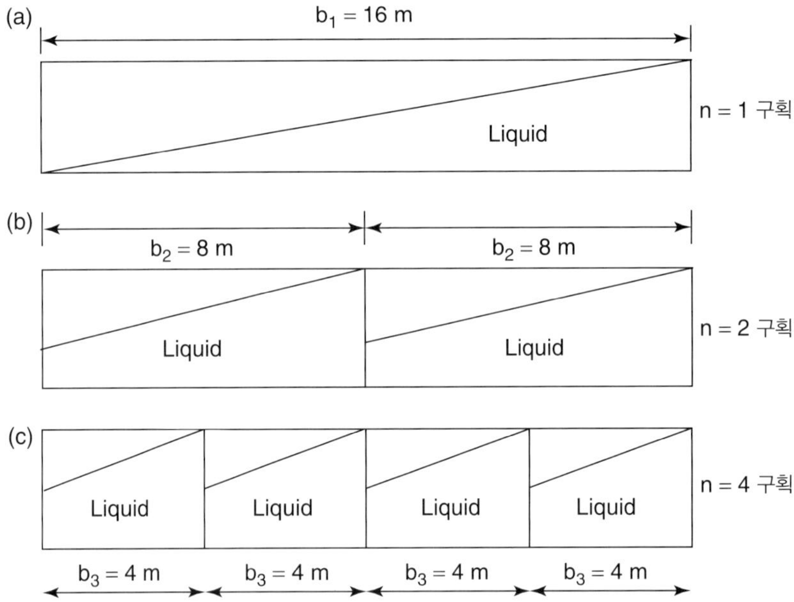

그림 8.2

$$\text{GM의 손실량} = 0.2187\,\text{m 즉 } \frac{1}{n^2} \times 0.875\,\text{m} = \text{FSE}$$
$$\text{GM} = \underline{1.0000\,\text{m}}$$
$$\text{유효 GM} = \underline{0.7813\,\text{m}} \text{ 대략적으로 } 0.78\,\text{m}.$$

(c) $\text{GM의 손실량} = 4\text{에서 } \frac{i}{W} \times \rho_t$

$$= 4\text{에서 } \frac{lb_3^3 \times 1.025}{12 \times W} \quad \text{또는} \quad \frac{lb_1^3 \times \rho_t}{12 \times W} \times \frac{1}{n^2}$$
$$= 4\text{에서 } \frac{20 \times 4 \times 4 \times 4 \times 1.025}{12 \times 8000}$$
$$\text{또는} \quad \frac{20 \times 16^3 \times 1.025}{12 \times 8000 \times 4^2} = 0.0547\,\text{m}$$

$$\text{GM의 손실량} = 0.0547\,\text{m 즉 } \frac{1}{n^2} \times 0.875\,\text{m} = \text{FSE}$$
$$\text{GM} = \underline{1.0000\,\text{m}}$$
$$\text{유효 GM} = \underline{0.9453\,\text{m}} \text{ 대략적으로 } 0.95\,\text{m}.$$

위의 예제는 *종방향* 분할 구획의 개수가 많아질수록 자유표면으로 인한 GM 손실이 더 작아진다는 사실을 강조하고 있다. *횡방향* 구획은 (a)에서의 GM 손실량 0.875 m에 어떠한 영향도 미치지 못한다.

예제 61

어떤 선박의 배수량이 1400톤인데 무게중심이 수선 위쪽에 있으며 2 m의 건현(freeboard)을 가지고 있다. 길이가 20 m이고 폭이 10 m인 사각형 갑판이 항해 중에 0.5 m의 해수로 채워졌다. 이 선박이 5°의 경사를 가질 때 갑판 상 해수의 영향을 찾아내라.

$$\text{갑판에 채워진 해수의 중량} = 20 \times 10 \times 0.5 \times 1.025 = 102.5\text{톤.}$$

$$\text{갑판 상 해수의 중량으로 인한 G의 상승} = \frac{w \times d}{(W + w)} = \frac{102.5 \times 2.05}{(1400 + 102.5)} = 0.1397\ \text{m.}$$

$$\text{갑판 상 해수의 자유표면으로 인한 GM 손실} = \frac{i}{W_2} \times \rho_t \times \frac{1}{n^2}$$

$$= \frac{20 \times 10 \times 10 \times 10 \times 1.025}{12 \times 1502.5}$$

$$\therefore \text{GM 손실량} = 1.1369\ \text{m} = \text{자유표면 효과(FSE)}$$

유효 손실 0.1397 + 1.1369 m, 즉 1.2766 m가 GM에 대한 전체 영향이다. 그러므로 이 영향은 5°경사각에서 GZ를 1.2766 × sin 5°, 즉 0.111 m 만큼 감소시킨다.

이 손실은 초기 복원력을 상당한 수준으로 감소시킨 것이며 이러한 감소 가능성을 염두에 두고서 1968 만재흘수선 규칙에서는 모든 선박이 일정 수준의 최소 복원력을 확보하도록 하였는데, 이들 규칙을 9장의 첫 페이지에 서술했다.

예제 62

KM이 8.0 m, KG가 7.0 m, 상대밀도 1.019에서의 배수량이 9171톤인 선박에 20 m 길이, 15 m 폭, 1.2 m 깊이의 이중저 탱크가 설치되어 있으며 이 탱크 내부는 상대밀도 0.95인 연료유로 채워져 있다. 이 연료유의 반을 사용했을 때의 유효 GM을 계산하라.

$$\text{사용하여 없어진 연료유의 중량} = 20 \times 15 \times 0.6 \times 0.95$$

$$= 171.0\text{톤}$$

$$W_2 = W_1 - w = 9171 - 171$$

$$= 9000\text{톤.}$$

$$\begin{aligned} \text{선박의 KG} &= 7.00\ \text{m} \\ \text{연료유의 KG} &= 0.90\ \text{m} \\ d &= 6.10\ \text{m} \end{aligned}$$

격실 수 = 2,
그러므로 n = 2.

$$GG_1 = \frac{w \times d}{W - w} = \frac{171.0 \times 6.1}{9171 - 171}$$

$$= \frac{1043.1}{9000}$$

$$= 0.116\ \text{m} \uparrow$$

$$\text{자유표면 효과로 인한 손실} = \frac{i}{W_2} \times \rho_{OIL} \times \frac{1}{n^2}$$

$$= \frac{lb^3}{12} \times \frac{1}{W_2} \times \rho_{OIL} \times \frac{1}{n^2}$$

$$= \frac{20 \times 15 \times 15 \times 15 \times 0.95}{12 \times 9000 \times 4}$$

$$\text{GM 손실} = 0.148\ \text{m} \uparrow = \text{자유표면 효과(FSE)}$$

KM = 8.000 m
KG = −7.000 m

원래의 GM = 1.000 m
GG_1 = −0.116 m

0.884 m
FSE = −0.148 m

유효 GM = 0.736 m, 약 0.74 m.

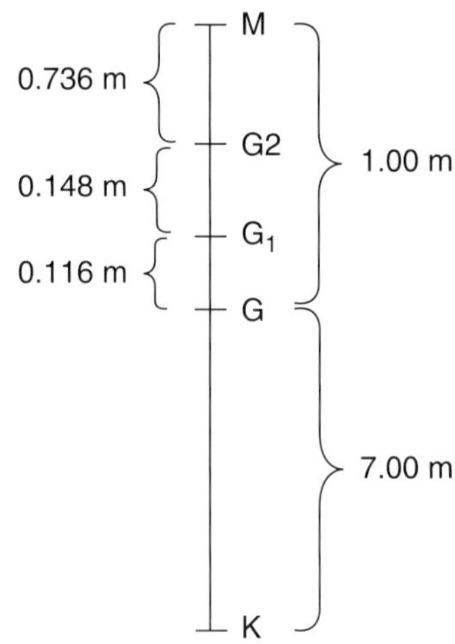

그림 8.3

본 예제에서는 자유표면 효과(FSE)과 적재 상태의 변화로 인하여 어떻게 G의 상승이 발생했는가를 관찰해야 한다. 액체의 자유표면은 위험하며 액체의 양은 언제나 최소가 되게 해야 한다는 것을 강조하는 바이다. 자유표면 효과를 포함하여 D.Tp의 최소값은 항상 0.15 m임을 기억하라.

선박의 복원성에 대한 의심이 간다면 무턱대고 이중 선저 탱크를 채워서 복원성의 불안정성을 바로 잡으려 해서는 안된다. 선저에서의 중량을 증가시켜 G를 선체 하부 쪽으로 내리기 전에 선저 탱크에서의 자유표면 효과로 인해 G의 가상적 상승이 존재한다는 사실을 명심해야 한다.

1952년 11월 19일 이후에 건조된 모든 선박에는 자유표면으로 인한 GM의 손실에 관한 정보를 제공해야 한다. 이것을 자유표면 모멘트(Free Surface Moment)라 하는데, 이 값을 선박 배수량으로 나누면 GM의 손실량을 얻을 수 있다.

유의사항:

자유표면 모멘트(FSM) = i × ρ_t 톤−미터.

여기에서

i는 채워지지 않은 탱크(slack tank)의 관성 모멘트, m^4

ρ_t는 채워지지 않은 탱크(slack tank) 내 유체의 밀도, 톤/m^3

CHAPTER 09

복원성 데이터

Stability Data

만재흘수선 규칙에서는 다음과 같은 최소 복원성의 확보를 요구한다:

(a) 복원 레버 곡선(GZ 곡선) 아래의 면적은 다음 값보다 작지 않아야 한다.

(i) **0.055**미터－라디안: 경사각 **30**°까지(그림 9.1 참조).

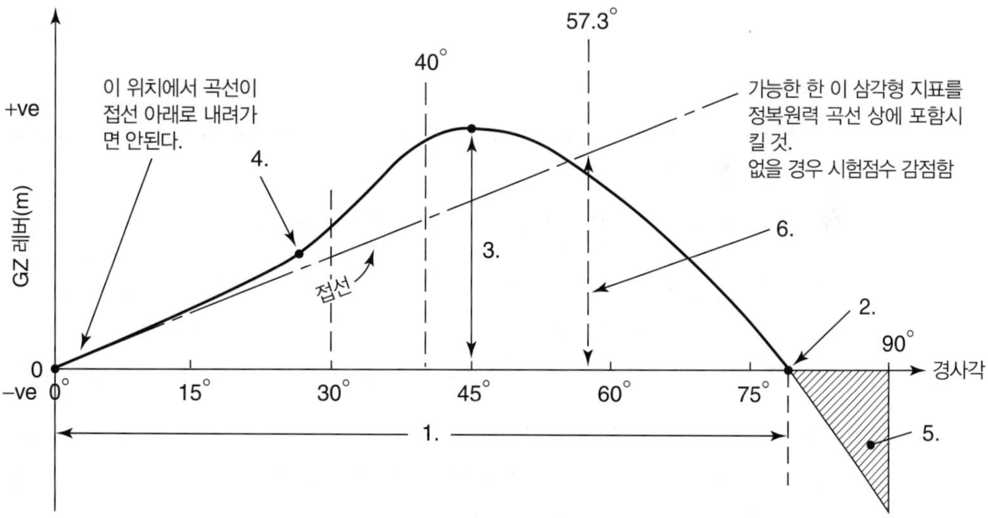

그림 9.1 ▸ 정복원력 곡선

(ii) **0.09**미터－라디안: 경사각 **40**°까지 또는 방수가 되지 않은 개구부가 있는 선체, 거주구 또는 갑판실의 개구부 중 아래쪽 모서리가 물에 잠기는 각도 중 작은 각도(그림 9.1 참조).

(iii) **0.03**미터－라디안: **30**°와 **40**° 사이의 경사각에서 (ii)에서 언급한 바와 같이 더 작은 각도(그림 9.1 참조).

(b) 복원 레버(GZ)는 경사각 **30°** 또는 그 이상의 경사각에서 적어도 **0.20**이 되어야 한다.

(c) **30°**보다 작지 않은 경사각에서 최대 복원 레버가 있어야 한다.

(d) 초기 횡메터센터의 크기는 **0.15**미터보다 작지 않아야 한다. 갑판에 적재한 원목 화물의 부피를 고려한 상태에서 위 (a)항의 조건을 준수한 원목 운반선의 경우 초기 횡메터센터의 크기는 **0.05**미터보다 작지 않아야 한다.

위에서 언급한 GZ 곡선은 정복원력 곡선으로도 알려져 있으며 다음과 같이 서술할 수 있다.

GZ 레버를 경사각에 대하여 그리면 정복원력 곡선이 얻어진다. 이를 그림 9.1에 예시하였다. 그림 9.1의 정복원력 곡선에 나타난 숫자 표시에 대한 정보를 아래에서 자세히 설명한다.

1. 복원 범위, 이 범위에서 모든 GZ가 양의 값을 가진다.
2. 복원력 소멸 각도, 이 각도 이상에서는 선박이 전복된다.
3. 최대 복원 레버, 그리고 이 최대 복원 레버가 발생하는 각도(30°에서 40° 사이)
4. 갑판 모서리가 물에 잠기는 지점(이것은 반곡점(contraflexure)으로 알려져 있는데, 이 점에서 곡선의 형태가 위에서 쳐다 봤을 때 오목형에서 볼록형으로 바뀐다).
5. 이것은 음의 복원력이다.
6. 근사 GM 값. 곡선의 원점에서 접선을 긋고, 57.3°에서 기선으로부터 수직선을 그린다. 수직선과 접선이 교차하는 점과 기선 사이의 거리가 GM이다(GZ 곡선에 이용된 스케일로 측정된다). 예제 63을 참조하라.

$$\text{GM} = \frac{\text{GZ}}{\sin\theta^\circ} \text{ 또는 } \frac{\text{GZ}}{\theta \text{ Radians}}$$

$$1 \text{ Radian} = 57.3^\circ$$

7. 동복원력, 이것은 곡선 아래 면적과 선박의 배수량을 곱하여 얻어진다(예제 63과 64 참조).

엄격하게 말하자면 원점에서 곡선의 방향을 구하려면 GM이 주어져야만 하지만, GM을 찾는 일을 포함하여 질문이 제기될 수 있다. 예제 63을 참조하라.

GZ 레버는 경사각에 대하여 그려진다는 것을 보게될 것이며, 정복원력 곡선이 작성된 경우 그 곡선은 작성 대상이 된 적하상태에 대해서만 유효하다는 것을 이해해야만 한다. 적하상태는 만재 출발 상태, 중간 발라스트 상태, 또는 경하 발라스트 상태일 수 있다.

정복원력 곡선 상 G 위치의 영향

그림 9.2에서 보는 바와 같이 G가 G_1으로 상승하여 이동하게 되면 GZ 레버은 y 미터 만큼 감소한다. 이는 $y = GG_1 \sin\theta$의 관계에서도 알 수 있다.

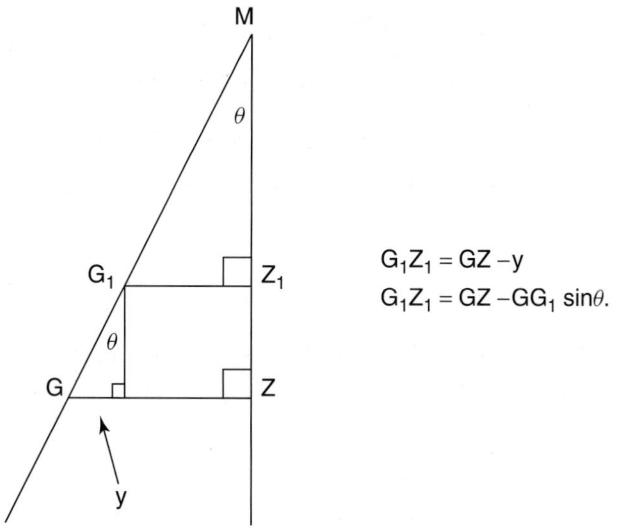

그림 9.2

이와 비슷하게 무게 중심이 G_1에서 G로 내려가면 GZ 레버는 y 미터만큼 감소한다.

$$\text{그러므로 GZ의 변화} = \pm GG_1 \times \sin\theta°.$$

예제 63

배수량 20550톤에 대하여 KG값이 8 m라고 가정해서 작성한 복원력 GZ 교차 곡선으로부터 다음과 같이 GZ 좌표를 얻을 수 있다.

θ 경사각	0°	15°	30°	45°	60°	75°	90°
GZ 좌표(m)	0	1.10	2.22	2.60	2.21	1.25	0.36

이 선박이 화물의 적재를 끝내고 출항 준비를 한 상태에서의 실제 배수량과 KG는 각각 20550톤 및 9.52 m이다.

(a) 실제의 복원력 레버 GZ를 계산하고 이 적재 상태에 대한 정복원력 곡선을 작성하라

(b) 최대 GZ를 결정하고, 이 최대 GZ가 발생하는 각도를 구하라

(c) 복원력 범위를 구하라

(d) 30°까지의 동복원력을 구하라

(e) 정복원력 곡선에서 GM의 근사값을 구하라.

풀이

(a) $$GG_1 = 8.00 - 9.52 = -1.52 \text{ m}.$$

그러므로 $GG_1 \sin\theta = -1.52 \sin\theta$, 여기에서 $\theta = 0°$에서 90°까지.

θ (경사각)	0°	15°	30°	45°	60°	75°	90°
GZ from Cross Curves (m)	0	1.10	2.22	2.60	2.21	1.25	0.36
$-1.52 \sin\theta$	0	−0.39	−0.76	−1.07	−1.32	−1.47	−1.52
실제 GZ (m)	0	0.71	1.46	1.53	0.89	−0.22	−1.16

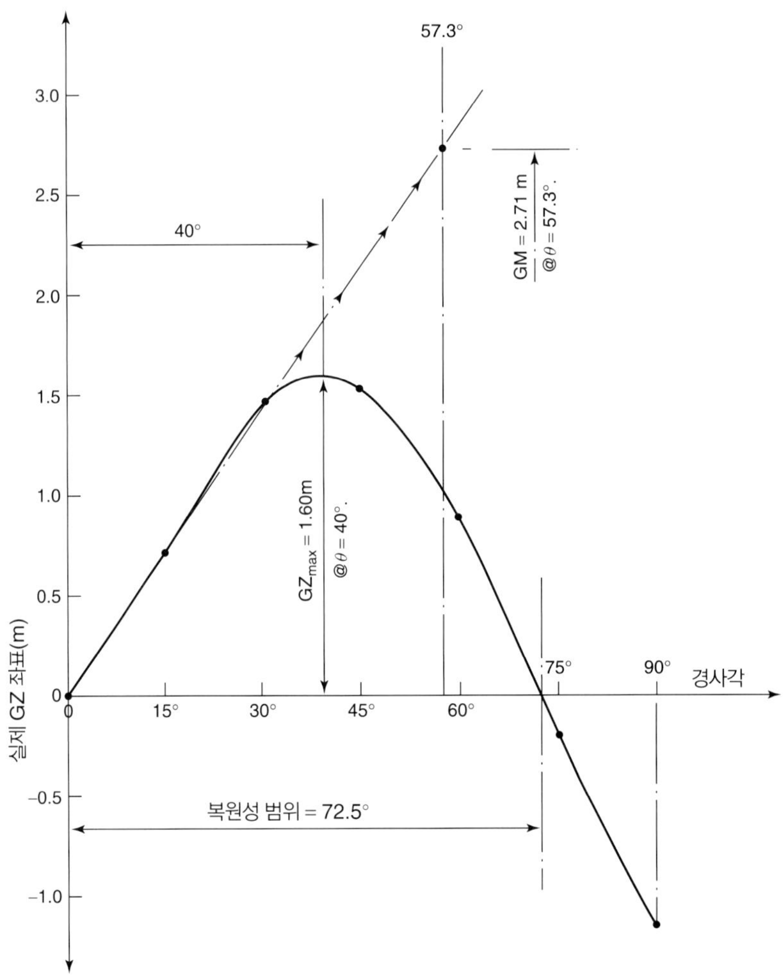

그림 9.3 ► 정복원력 곡선[예제 63(a)]

(b) 그림 9.3으로부터 경사각 $\theta = 40°$에서 $GZ_{max} = 1.60$ m.

(c) 그림 9.3으로부터 복원성 범위 = 72.5°

(d)

GZ 좌표	*승수*	*면적 함수*
0	1	–
0.71	4	2.84
1.46	1	1.46
		$4.30 = \sum_1$

동복원력 $= 1/3 \times CI \times \sum_1 \times W$

$$= 1/3 \times \frac{15°}{57.3°} \times 4.3 \times 20\,550$$

$= 7711$ *미터-톤*

(e) 그림 9.3으로부터 GM 근사값 = 2.71 m (57.3°까지 외삽(extrapolation)하여 구한 값)

정복원력 곡선에 대한 건현(freeboard)의 영향

어떤 선박이든 건현(freeboard)이 크다면 그 선박의 갑판 모서리가 물에 잠기지 않고 경사질 수 있는 각도가 커진다. 그림 9.4의 경사각 θ_1과 θ_2가 이를 설명하고 있다. 그림에서 선폭은 고정되어 있고 $\theta_2 > \theta_1$이다.

항구 도착 적재 상태에서 화물을 내리고 있다고 가정하자. 화물이 양하됨에 따라 이 선박의 건현은 당연히 f_1에서 f_2 그리고 f_3로 증가하고 있다.

이 선박의 정복원력 곡선에서 발생할 수 있는 변화를 그림 9.5에 나타내었다.

건현이 증가함에 따라 아래에 언급하는 변화가 발생한다:

1. GM이 증가하는 데, 57.3°에서의 GM값의 변화를 보라.
2. GZ가 증가하고 이에 따라 복원력이 증가함.
3. 갑판 모서리는 더 큰 경사각에서 물에 잠기게 된다. 그림 9.5의 θ_1에서 θ_3의 그림을 보라.
4. 흘수의 값이 작아지므로 KB가 감소한다.
5. 배수량의 용적이 작아지므로 BM이 증가한다. 이것은 면적의 관성 모멘트 I가 일정하다는 가정 하에서의 현상이다.
6. 그림 4.3의 메터센터 다이어그램에서와 같이 KM이 증가한다.
7. 복원력 범위가 증대한다. 그러므로 동복원력이 더 커진다.
8. 최대 복원력 GZ_{max}는 처음에는 약 45°에서, 그 다음엔 36°, 최종적으로 건현이 최대일 때 30° 보다 약간 더 큰 값이나 30°에서 생겨난다. 이 최종 조건은 선박이 경하 상태 또는 경하 상태에 가까운 적재 상태에서 생겨나는 것이다. 그림 9.5를 보라.

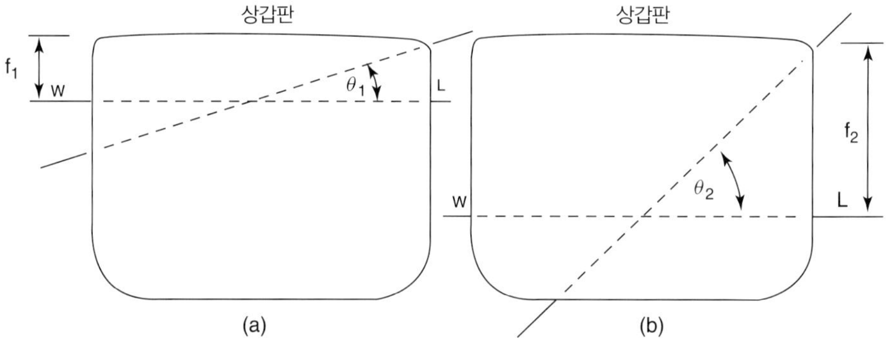

그림 9.4

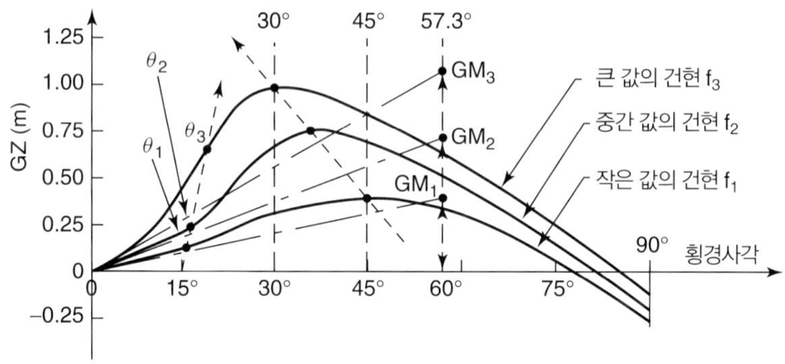

그림 9.5

어떤 선박이 가질 수 있는 배수량 곡선을 일일이 작성할 필요가 없이 일련의 교차곡선군을 작성한다. 이들 곡선군의 예를 그림 9.11에 나타내었다.

교차 곡선에서 정복원력 곡선을 만들기 위해서는 여러 횡경사각에 대한 GZ 레버의 값들을 요구되는 배수량에 대하여 뽑아내야 한다. 이들 레버의 값들은 선박의 무게중심과 이들 곡선의 작성에 사용된 배수량의 차이에 대하여 수정된다. 최종적으로 GZ 레버가 경사각에 대하여 그려진다. 예제 63과 64에 이에 대한 설명이 되어 있다.

정복원력 곡선은 간혹 종축에 GZ 레버 대신 복원 모멘트를 이용하여 그리기도 한다. 이런 방식으로 그려 놓으면 전복 모멘트가 작용할 때 그 선박이 얼마나 경사질 것인가를 단번에 알 수 있다. 이 전복 모멘트는 화물을 횡방향으로 이동시키든가, 또는 특히 여객선의 경우 선측에 작용하는 강한 바람에 의해 발생한다. 갑판 위에 4단의 컨테이너를 적재하여 운송하는 컨테이너선 또한 강한 측풍 조건에서 운항할 때 이러한 횡경사를 겪을 수 있다.

정복원력 곡선에 대한 선폭의 영향

이 사항은 설계 단계에서 고려되어야만 한다. 흘수는 고정되어 있는 것으로 한다. $\theta_2 < \theta_1$이다. 그림 9.6과 9.7을 보라.

$BM = \frac{I}{V}$임은 이미 설명한 바 있고 V가 고정되어 있으면 BM은 I에 따라 변한다. 수선면적의 관성 모멘트 I는 수선면의 폭에 크게 영향을 받기 때문에 선폭이 증가하면 BM이 증가하게 된다. 또한 이 BM이 증가는 GZ의 증가로 이어진다. 이러한 효과는 경사각이 미소할 때 더 두드러지게 나타난다.

선폭이 b_1에서 b_2로 증가하면 다음과 같은 사항이 발생한다:

1. GM의 증가. 57.3°에서의 그림을 보라.
2. GZ가 증가하게 되고, 그 결과 복원력이 커진다.
3. $\theta 1$ 보다 더 작은 경사각에서 갑판 모서리가 물에 잠기는 데, 그림 9.6과 9.7에서 θ_2는 θ_1 보다 더 작은 각이다.

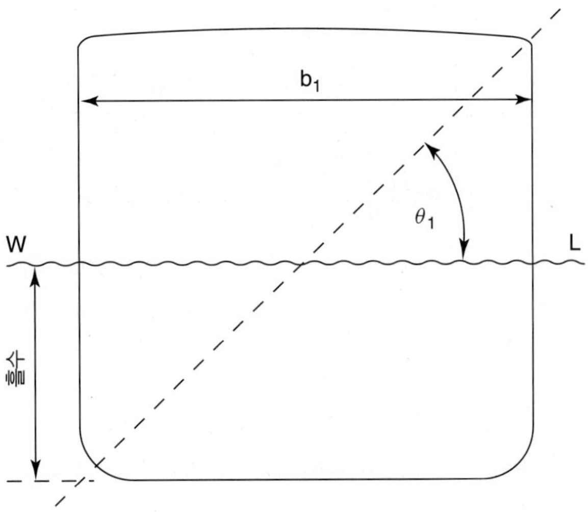

그림 9.6

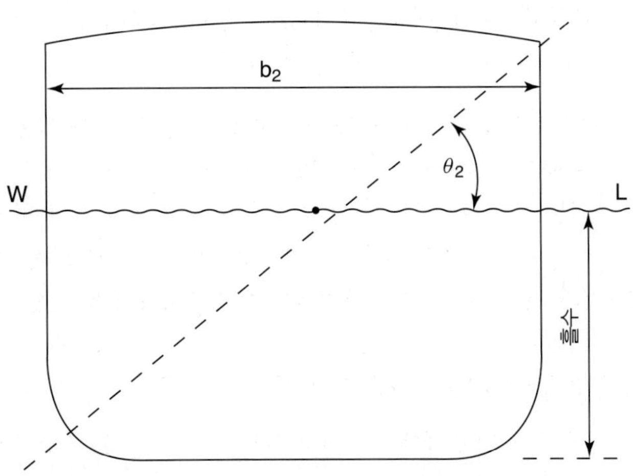

그림 9.7

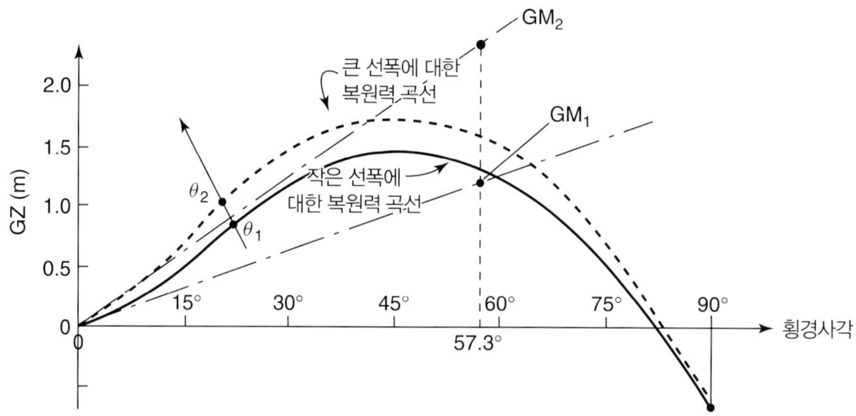

그림 9.8

4. 흘수가 변화하지 않으므로 KB는 고정되어 있다.

5. 선폭이 커지면 수선면에서의 관성 모멘트를 증가시켜 BM과 KM이 증가한다.

6. 복원력 범위가 증가하나 그 크기는 경미하다.

직립한 상태에서 음의 GM 값을 가지는 선박에 대한 복원성에 대하여 그림 4.13에서 다루었다. 이 선박의 정복원력 곡선의 첫 부분은 그림 9.9와 같이 나타난다.

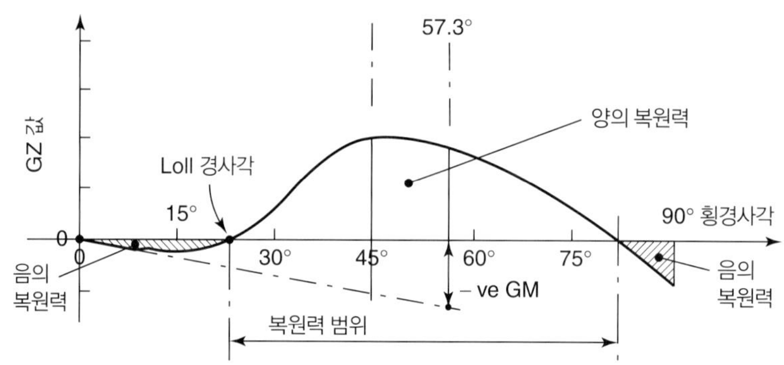

그림 9.9

그림 9.9에서 음의 GM을 가지는 선박의 복원력 범위는 원점인 0-0축에서부터가 아닌 음의 GM에 의한 횡경사각(angle of loll)에서부터 측정한다는 것을 그림 9.9에서 파악하는 것이 매우 중요하다.

예제 28A, 예제 30의 'angle of list'라는 용어가 나타난다.

그림 4.14 ~ 4.15의 'angle of loll'라는 용어가 나타난다.

위의 두 경사각은 때때로 몇 초 동안 또는 몇 분 동안에만 고정되어 있는 경사각이다.

Angle of List와 Angle of Loll은 엄밀하게 무엇인가? 이들 두 고정 경사각의 특징은 무엇인가?

아래의 해설을 살펴 보면 Angle of List인지 Angle of Loll인지를 혼동하지 않고 구별할 수 있다.

편심 무게중심에 의한 경사각(ANGLE OF LIST)

'G'는 화물을 적재한 선박의 무게중심인데, 화물의 위치를 이동시키거나 발라스트 탱크에 물을 채워 넣는 등의 원인으로 인하여 G의 위치가 선체 중심선에서 벗어나 (예를 들어) 좌현 쪽에 있는 임의 지점에 위치하게 되었다고 하자.

GM은 양의 값을 갖는다. 즉 'G'는 'M'의 아래에 위치한다. 사실 이러한 list 경사각에서의 GM은 선박이 직립해 있을 때의 GM과 비교했을 때 더 커진다. 이 선박은 안정한 *평형 상태(stable equilibrium)*에 있다.

수면이 잔잔한 상태에 있는 정수 중에서 이 선박은 고정된 횡경사각을 유지한 채 떠있게 된다. 이 선박은 중량이 이동한 쪽과 같은 쪽으로 한쪽으로만 경사지게 된다.

파랑이 높은 거친 날씨에서는 이 선박은 위에 언급한 list 각도(예를 들어, 좌현 3°)를 중심으로 횡동요(roll)를 하게 되지만, 우현 3°에서 멈추는 것은 아니다. 아래의 설명을 참조하라.

이 선박을 직립 상태로 되돌리기 위해서는 이 선박이 경사진 반대 쪽에 중량을 적재하라. 예를 들면, 만일 선박이 좌현 쪽으로 3° 만큼의 list 경사 상태에 있다면 우현 쪽에 중량을 적재하라.

음의 메터센터에 의한 경사각(ANGLE OF LOLL)

KG = KM이면 GM은 *영(zero)*이 된다. 'G'는 *선체 중심선 상에* 위치해 있다.

이 선박은 중립의 *평형 상태(neutral equilibrium)*에 있다. 이 선박은 list 경사각을 지닌 선박 보다 *더 위험한 상황에* 놓이는데, 그 이유는 'G'가 'M'의 위에 가게 되는 경우엔 이 선박은 전

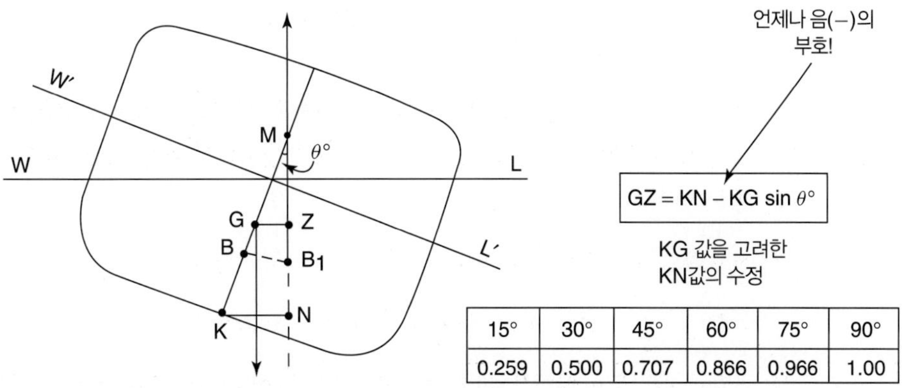

15°	30°	45°	60°	75°	90°
0.259	0.500	0.707	0.866	0.966	1.00

그림 9.10

복할 것이기 때문이다.

음(−)의 메터센터에 의한 경사각(angle of loll)은 선체 구조에 작용하는 바람이나 파랑 등의 외력에 따라 좌현 3° 또는 우현 3°가 될 수 있다. 이 선박은 갑작스럽게 좌현 3°에서 우현 3°로 경사지고 그 후 다시 좌현 3° 로 되돌아갈 수 있다.

이런 상황을 개선하기 위해서는 'G'가 'M' 아래에 위치해야만 한다. 중량물을 선저 쪽을 향해 밑으로 이동시키거나 이중저 탱크에 평형수를 보충하거나, 그 선박의 'G'보다 더 위에 위치한 중량물을 제거하면 G를 M의 아래에 오게 할 수 있다. 액체를 이동시키고 적재하고 양하할 때는 자유표면 효과에 주의해야 한다.

List 경사각이나 loll 경사각이 존재하는 경우에 화물의 적재 상태를 조금이라도 변화시킬 경우 반드시 용의주도한 계산을 수행해야 한다.

예제 64

배수량이 9000톤이고 KG가 6.7 m인 선박에 대하여, KN 교차곡선을 이용하여 정복원력 곡선을 작성하라. 그림 9.11의 교차곡선을 이용하라.

교차곡선으로부터 다음 사항들이 얻어진다.

(a) 복원력 범위

(b) 횡방향 전복 모멘트 2250톤−미터가 발생할 경우 위 복원력 범위의 변화

(c) GM의 근사값

(d) 5° 경사가 발생한 경우의 정복원력 모멘트

(e) 갑판 모서리가 물에 잠기는 각도의 근사치

(f) 경사각 48°에서의 동복원력

배수량 W = 9000톤 지점에서 수직선을 그린 후, 15°, 30°, 45° 등에서의 교차점을 읽어낸다.

횡경사각	교차곡선 상 KN	$-\text{KG} \sin\theta°$ 즉 $-6.7.\ \sin\theta°$	선박의 상태에 대한 실제 GZ (미터)
0°	0	0	0
15°	1.98	1.73	0.25
30°	4.10	3.35	0.75
45°	5.92	4.74	1.18
60°	6.82	5.80	1.02
75°	6.98	6.47	0.51
90°	6.58	6.70	−0.12

이제 그림 9.12에 보인 바와 같이 수정한 GZ 값을 횡경사각에 대하여 다시 그린다.

그림 9.11의 교차곡선에 대해 KG 값을 고려하여 KN 값을 수정한다.

θ	15°	30°	45°	60°	75°	90°
$\sin\theta$	0.259	0.500	0.707	0.856	0.966	1.000

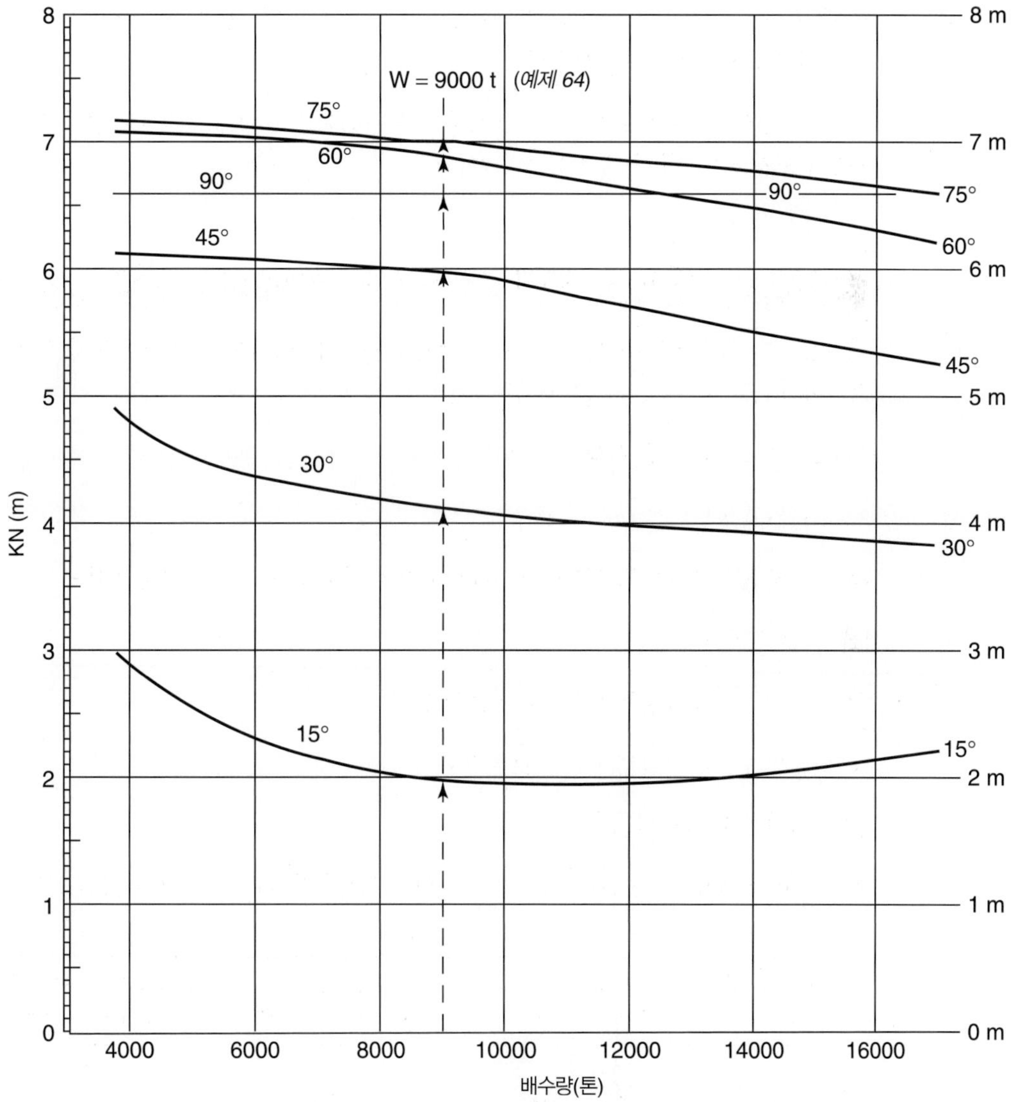

그림 9.11 ▸ 복원력의 KN 교차곡선

풀이

(a) 0° − 86°. 그림 9.12를 보라.

(b) 14(1/2)° − 80°로 감소(GZ의 감소분을 얻기 위해서는 발생된 모멘트를 배수량으로 나누라). 그림 9.12를 보라.

(c) 1미터($\theta = 57.3°$까지 외삽하여 추정한 값). 그림 9.12를 보라.

(d) 785톤−미터(즉 5°에서 W × GZ).

(e) 26° (그림 9.12 참조)

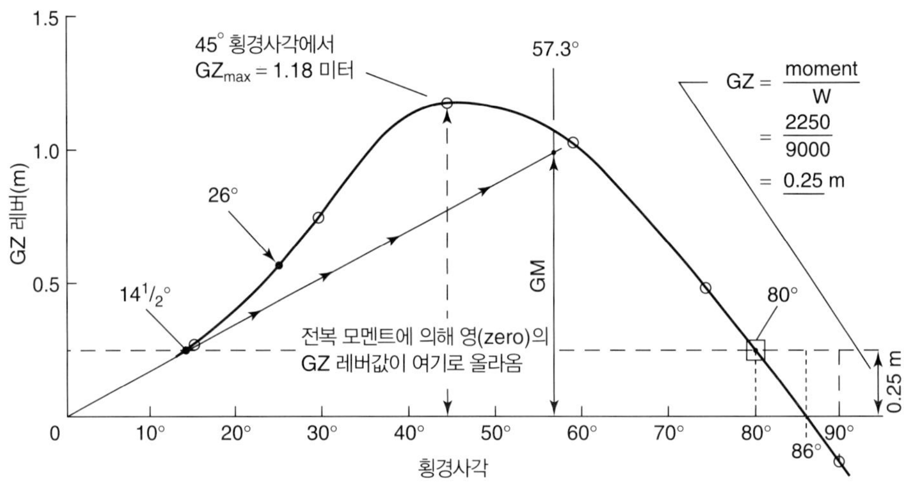

그림 9.12

(f)

경사각	GZ (m)	승수	면적함수
0°	0	1	0
8°	0.12	4	0.48
16°	0.30	2	0.60
24°	0.54	4	2.16
32°	0.82	2	1.64
40°	1.11	4	4.44
48°	1.17	1	1.17
			$10.49 = \sum_1$

$$\text{동복원력} = \frac{1}{3} \times h \times \sum_1 \times W$$

$$= \frac{1}{3} \times 8°/573° \times 10.49 \times 9000$$

$$= 4394 \text{ 톤−미터}$$

(주의: 48°는 편리한 대로 구간을 나눌 수 있다, 6 구간이나 8 구간으로 나누어 계산을 간단하게 하면 된다).

제 4장에서 서술한 바와 같이 동복원력은 외력의 작용에 의해 선박을 기울게 하는 데 가해진 일(work)이며, 선박의 배수량과 B와 G 사이의 수직거리를 곱한 값이다. 완벽히 엄밀한 방법은 아니지만 위에서 보인 방법을 이용하면 동복원력을 더 쉽게 계산할 수 있다.

어떤 선박이 1° 경사졌을 때, 이 선박을 2°로 기울게 하려면 1° 경사에서의 복원 모멘트를 이겨내야 한다. 이제 이 선박이 2°로 경사졌고 다시 3°로 경사지게 하려면 2°에서의 족원 모멘트를 이겨내야만 한다. 그러면 직립 상태에서 벗어나기 위한 총 모멘트는 0°에서 3°까지의 복원 모멘트의 합이 된다. 이것은 그 어떠한 경사각에 대해서도 적용할 수 있으므로 어떤 경사각에서의 동복원력은 그 각도까지의 정복원력 곡선 아래의 면적에 선박 배수량을 곱한 것이 된다.

강조할 점은, 공통 구간은 호도법(circular measure)으로 나타내야 하며 호도법에서의 θ는 $\frac{\theta^\circ}{57.3^\circ}$이라는 것이다. 그리고 동복원력에서의 톤-미터는 가해진 일(work)을 측정하는 단위이기에 모멘트를 표현하는 톤-미터와 동일한 단위가 아니다. 독자들이 복원력 교차곡선을 이용할 때 굉장히 조심해야 할 것은 그 곡선들이 그림 9.11에 나타난 것과 같은 KN 곡선인지 또는 오래된 표현인 GZ 곡선인지를 구분하는 것이다.

요약

GZ 복원력 교차곡선에 대하여:

1. GZ = GZ 종좌표 ± GG_1. sin θ, 여기에서 $\theta = 0°$에서 90°.
2. 교차곡선들에는 가정한 KG가 주어져 있다. 예를 들어 가정된 KG = 8 m.
3. GG_1 = 가정된 KG − 실제 KG.
4. GG_1는 양의 값이나 음의 값일 수 있다. 또한 아주 드물게 영(zero)의 값일 수도 있다.

KN 교차곡선에 대하여:

1. GZ = KN 종좌표 − 실제 KG × sin θ이며, 여기에서 θ는 0°에서 90°.
2. 교차곡선은 영(zero)의 KG에 대하여도 적용할 수 있다.
3. KN값에 대한 수정은 항상 음의 부호를 가지게 함으로서 최종 GZ 값의 계산에서 있을 수 있는 실수의 가능성을 줄였다.
4. 여러 곡선들에서 KN 종좌표의 값은 GZ 값과 비교했을 때 매우 큰 값을 가진다.

CHAPTER

10 복원성 정보의 비치

Carriage of Stability Information

승선원이 이용할 수 있게 복원성 정보의 제공이 요구되었고 그 최소한의 요건이 이전의 M. 375. 고시에 규정되었다. 약간의 조항을 더 추가하여 이 요건들이 1968 만재흘수선 규칙(1968 Load Line Rules)에 포함되었는데, 아래에 이 만재흘수선 규칙을 옮겨서 정리하였다.

1. 선명, 공식 번호, 등록항, 총톤수 및 등록톤수, 주요제원, 배수량, 적재중량, 그리고 하계만재흘수선(SLWL).

2. 측면도, 그리고 특별히 요구되는 경우, 축척에 맞게 그려진 평면도. 이 평면도에는 각각의 명칭이 표기된 구획, 탱크, 저장실, 선원 및 승객 거주공간, 그리고 선체 중앙부가 나타나야 함.

3. 화물, 연료, 저장품, 급수용 물, 선내 용수 또는 평형수를 운반하는 모든 구획의 저장 용량과 (종방향 및 수직방향) 무게중심.

   카페리의 경우 차량을 운송하는 구획의 수직방향 무게중심은 그 구획의 용적 중심에 기초하여 구해서는 안되며, 적재된 차량들에 대하여 추정한 무게중심을 이용하여 구한다.

4. (a) 승객 및 소지품 (b) 승무원 및 소지품에 대하여 추정된 총 중량 및 그 중량에 대한 (종방향 및 수직방향) 무게중심. 이 무게중심을 추정할 때에는 승객과 승무원들이 통상적으로 차지하는 공간에 분포한다고 가정하는데, 이들 각각이 출입하거나 이들 모두가 출입하거나 하는 최상단 갑판도 포함시킨다.

5. 선박의 노출 갑판에 적재하리라 예상되는 갑판 적재 화물의 최대량에 대해 추정한 중량과 배치 및 무게중심. 그 중량에는 갑판에 적재한 화물이 흡수하리라 예상되는 수분에 대해 추정한 중량(즉 갑판 화물이 흡수한 물의 중량)을 포함하여 추정해야 하는데, 갑판 적재 목재의 경우 흡수한 물의 무게는 목재 무게의 15%로 간주한다.

6. 해당 건현의 요목과 더불어 만재흘수선 표식과 및 여러 흘수선을 나타내는 다이어그램이나 눈금. 이것은 또한 배수량, TPC(1 cm 몰수당 톤수), 그리고 가장 깊은 흘수선과 경하상태 선박의 수선 사이에 걸쳐 있는 일련의 평균 흘수에 대응하는 화물 중량도 나타낸다.

7. 선박의 유체정역학적 상세정보에 대한 다이어그램이나 도표. 아래 사항을 포함한다:

(1) 횡 메터센터(경심) 높이

(2) MCT(moment to change trim one centimeter: 1 cm 트림 변화에 필요한 모멘트) 값

위에 대한 값은 최소한 제일 깊은 하계만재흘수선과 경하 흘수선 사이의 여러 평균 흘수에 대하여 제공되어야 한다. 도표가 사용되었다면 이들 여러 흘수들 사이의 간격은 충분히 가깝게 설정해서 내삽(interpolation) 추정의 정확도를 확보하게 해야 한다. 경사 선저(raked keel)를 가진 선박의 경우 위 3, 4, 5번 항에서 언급한 무게중심과 마찬가지로 동일한 기준선을 이용하여 부력 중심과 메터센트의 높이를 나타내야 한다.

8. 액체 화물을 운송하는 경우 각 탱크내의 자유표면 영향을 고려하여 메터센트의 높이를 수정하는 방법을 예를 포함하여 제시해야 한다.

9. (1) 복원 레버가 측정되는 가정된 좌표축의 높이 및 가정된 트림을 보여 주는 복원력 교차곡선 다이어그램. 만일 키일의 상부가 아닌 곳을 기준(또는 기저)으로 실징했다면, 기준(기저)선으로 가정한 축이 명확하게 정의되어야 한다.

(2) 아래의 소항목에 제한하여, 10번 항의 규정 5에서 정의된 (a) 밀폐형 상부구조와 (b) 유효한 짐칸을 그러한 곡선을 작성할 때 포함시켜야 한다.

(3) 만일 그 위치, 기능의 온전성과 밀폐 방식이 선박의 복원성 증가에 기여한다면 다음의 구조물은 복원력 곡선의 작성에 포함시켜야 한다:

(a) 상부구조물 갑판의 윗쪽에 위치한 상부 구조물

(b) 건현 갑판 상 또는 그 위에 설치된 갑판실의 전체나 일부

(c) 건현 갑판 상 또는 그 위에 설치된 해치 구조물

이에 더하여, 갑판 상에 목재 화물을 적재하여 운반하는 선박의 경우, 갑판 상에 적재한 목재의 용적 또는 그 일부분을 복원력 보조 곡선을 작성할 때 포함할 수 있다.

(4) 복원력 교차곡선으로부터 복원 레버(GZ) 곡선을 얻는 방법에 대한 예시를 제공해야만 한다.

(5) 카페리나 그와 비슷하게 선수, 선측 또는 선미에 문이 달려 있는 경우에 상부구조물의 부력을 복원력 정보의 계산에 포함하게 되는데, 이 경우에는 그러한 선박들의 문은 출항 전 그 문들이 완전한 방수 조치가 이루어지게 해야 하며, 복원력 교차곡선은 그러한 문들이 방수 조치가 완료된 상태라는 가정 하에서 작성되었다는 것을 복원력 정보에서 특별히 언급해야 한다.

10. (1) 이 항의 (2)번 소항목에서 언급한 다이어그램과 계산서는 다음 조건의 각각에 대하여 따로 제공되어야 한다.

(a) 화물 미적재의 경하상태. 선박에 영구 발라스트 장치가 설치되었다면 그 선박의 경하 상태에 대하여 그러한 영구 발라스트가 (i) 있는 경우와 (ii) 없는 경우 모두에 대한 다이어그램과 계산서가 제공되어야 한다.

(b) (i) 출항 시 (ii) 입항 시 모두에 대한 경하 적재 상태에 대하여, 입항 시의 조건에 대한 계산에서는 연료유, 청수, 소모품 저장고 등은 적재용량의 10% 수준으로 줄어져 있다고 가정한다.

(c) (i) 출항 시 (ii) 입항 시 모두에 대한 적재 상태에 대하여, 화물 적재가 가능한 모든 공간을 가득 채워서 하계만재흘수선까지 적재했을 때, 이렇게 적재한 화물은 균질한 화물인 것으로 간주한다. 이 가정이 부적절한 화물에 대하여는 그렇지 않은 데, 예를 들어 차량이나 컨테이너 만을 전용으로 운반하는 선박의 화물 공간은 위 가정을 적용하지 않는다.

(d) (i) 출항 시 (ii) 입항 시 모두에 대한 실제 적재 상태 조건.

(2) (a) 모든 적재 화물의 성분을 나타내기 위한 적절한 축척의 선박 측면도.

(b) 경하중량, 모든 적재화물 구성물의 배치 및 총중량, 배수량 및 이에 대응되는 무게중심, 메터센터, 또한 메터센터 높이(GM)를 수록한 설명서.

(c) 9번 항에서 언급된 복원력 교차곡선에서부터 구해지는 복원 레버(GZ) 곡선을 나타내는 다이어그램. 갑판 상의 목재 화물에 대해서 부력의 보강 이익이 인정된다면 이 부력 증가 효과를 포함시키거나 제외시킨 두 경우 모두에 대한 복원 레버 곡선.

(3) 메터센터 높이와 복원 레버 곡선은 액체화물의 자유표면 영향을 고려하여 수정해야 만 한다.

(4) 소항목 (1)에서 언급된 그 어떠한 조건에서라도 상당한 양의 트림인 있을 경우 메터센터 높이와 복원 레버 곡선은 트림이 형성된 상태에서의 수선으로부터 결정되어야 한다.

(5) 소항목 (1)(c)에 언급된 조건 중 어느 하나 또는 둘 모두의 조건 중에서 복원성 만족스럽지 못하다는 의견이 제시되면 그러한 조건은 그렇게 표시되어야만 하고 적절한 경고가 삽입되어야만 한다.

11. 액체 화물을 부분적으로 적재하거나 액체화물, 연료, 청수 등을 만재 적재하는 특별 절차를 위해서는 적절한 복원성을 유지되게 하는 것이 필요하기에 각각의 경우에 대해 적절한 작업 절차에 대한 지시서를 제공해야 한다.

12. 경사시험 보고서의 사본과 그 보고서에 따른 경하 상태에 대한 요목 계산서.

7항에서 언급한 유체정역학 계산 정보는 그림 10.4와 같은 형태로 제시할 수 있다. 현대의 선박에서 이 데이터는 *표의 형식*으로 제시되고 컴퓨터 내의 소프트웨어의 일부분으로 제시된다. 예제 66을 참조하라.

아래에 예시되어 있는 다이어그램, 정보 및 정복원력 곡선은 10번 항에서 요구하는 정보를 제시하는 전형적인 방식을 나타내고 있다. 이 다이어그램은 10 (1) (i) 항을 도식화한 것이며 10번 항에서 상세하게 제시된 다른 조건들에 대한 일련의 다이어그램이 제시되어져야 한다. 이들 다이어그램은 소책자의 형태로 묶어지거나 챠트 형식으로 만들어 유리액자에 넣어 벽에 걸거나 책상 유리판 밑에 끼워 넣어 전시할 수 있다. 이 책자는 '트림 및 복원성 책자(The Trim & Stability Book)'인데, 함교에서 선장이나 항해사가 빈번하게 참고하는 자료이다.

'화물 취급 지침서(Notes on Cargo Work)'에 있는 배수량 눈금은 6번 항에서 요구된 정보가 어떻게 제시되는가를 보여준다.

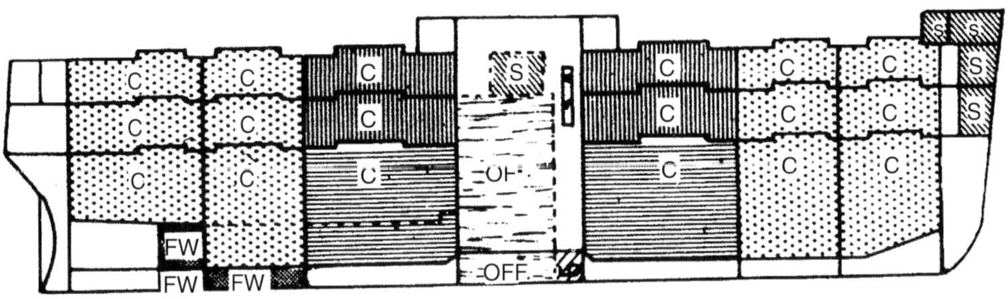

출항 시 실제 적재(1)		*중량*	*배치*	*Kg*
		1525	상부 중갑판	12.0
C	일반 화물	1960	하부 중갑판	9.0
		3500	하부 화물창	6.0
C	냉동육	1020	하부 화물창	6.1
C	냉장육	250	상부 중갑판	12.8
		265	하부 중갑판	10.4
OF	연료유	400	선측 연료탱크	6.3
		500	이중저 탱크	0.7
S	저장품 및 식량	40		13.5
FW	평형수	90	선수 탱크	7.3
	청수	182	딥 탱크	3.3
		66	이중저 탱크	0.7
WB				
LO	윤활유, 예비부품	90		10.0
	승객 및 선원 소지품	10		16.0
	총 적재중량	9898		
	경하 중량	+4570		7.5
	화물 배수량	14468	톤	7.57 m
			KM	8.20 m
			무수정 GM	0.63 m
			자유표면 수정	nil
			수정 GM	0.63 m

그림 10.1 ▶ 조선소에서 선박에 제공한 트림 및 복원성 책자 중 한 페이지

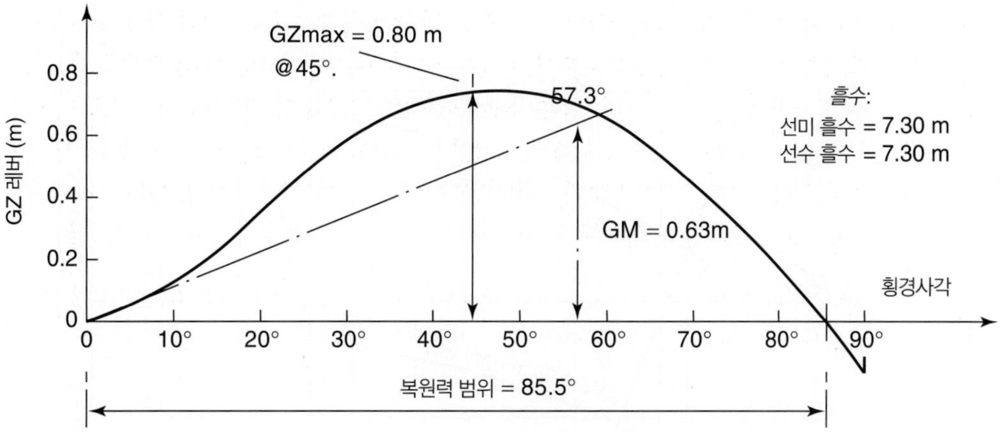

그림 10.2

예제 65

유체정역학 곡선이 그림 10.4에 있는 길이 156 m의 선박의 현재 배수량은 16 000톤이다. 이 선박의 종방향 무게중심(LCG)는 선체 중앙에서 선미 쪽으로 3.0 m에 있다.

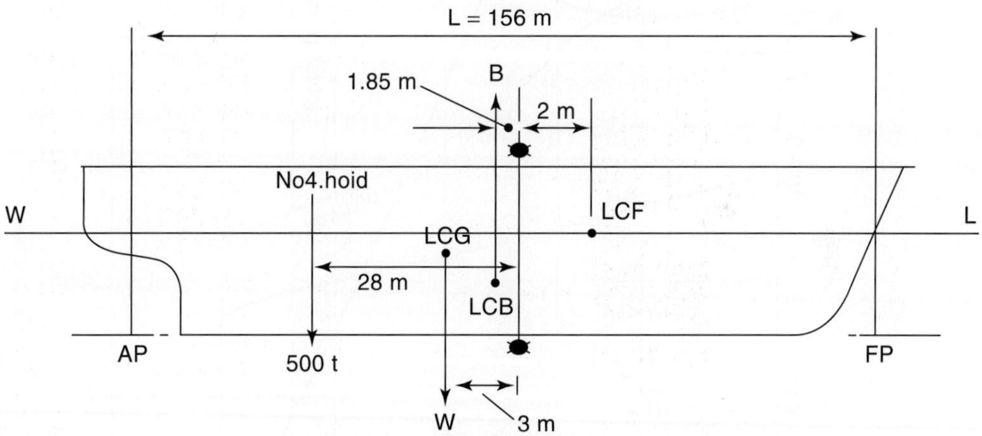

그림 10.3

무게중심이 선체 중앙에서 선미 쪽으로 28 m 지점에 있는 4번 화물창에 500톤의 화물을 적재할 경우 이 선박의 흘수를 추정하라.

유체정역학 곡선에서 16 000톤의 배수량에 대한 평균 흘수는 8.00 m이다. 곡선 상의 모든 정보가 흘수에 대하여 그려져 있기에 그림 10.4로부터 다음의 정보를 얻는다:

LCF 2.00 m (선체 중앙에서 선수 쪽)

LCB 1.85 m (선체 중앙에서 선미 쪽)

TPC 22.3

MCT 1 cm 200톤-미터

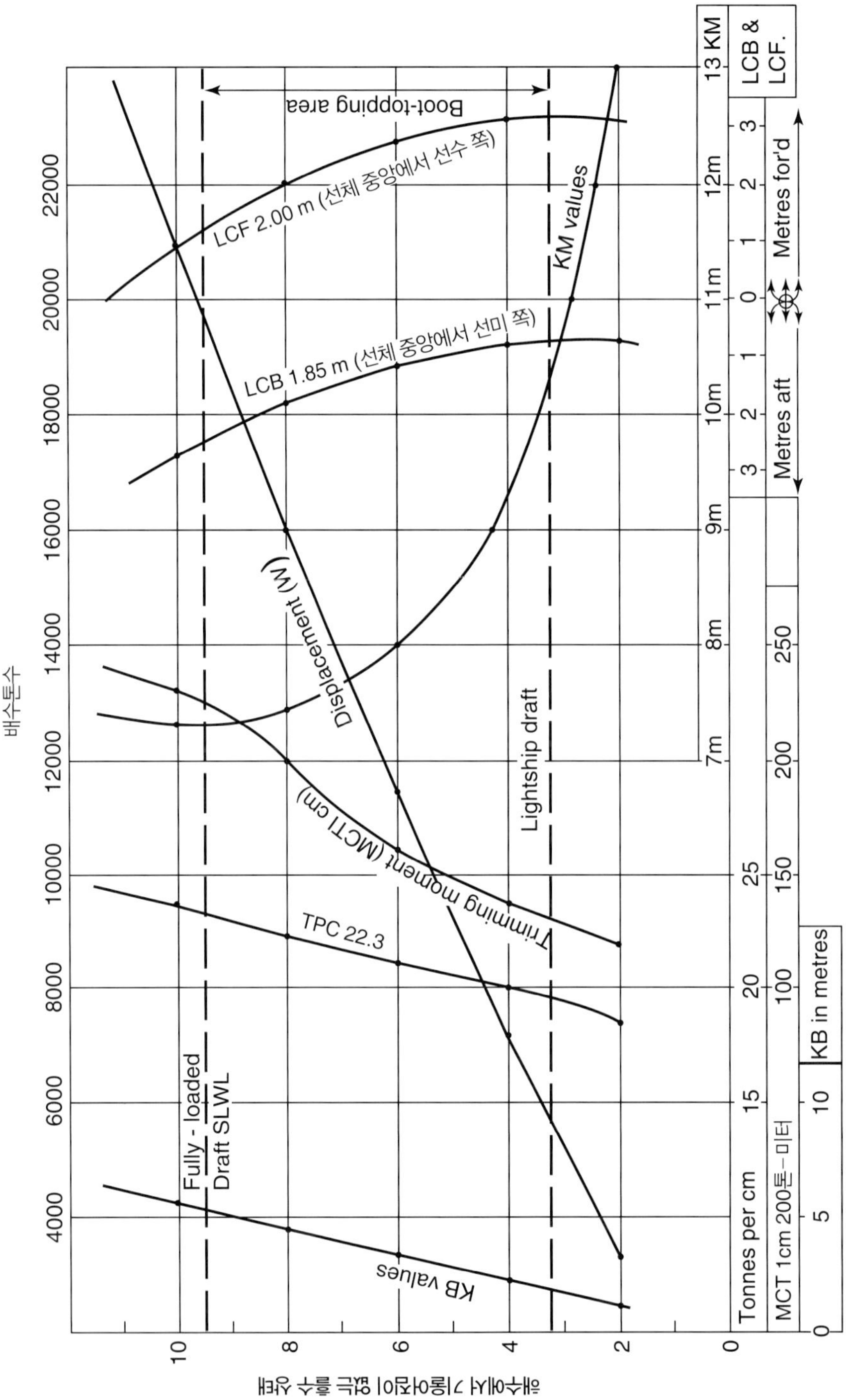

그림 10.4 ▶ 유체정역학 곡선

주의: 위의 정보는 등흘수 조건에 대한 것이다

$$\left.\begin{array}{r}\text{만일 LCG가 선체 중앙에서 선미 쪽으로 3.0 m}\\ \text{LCB는 선체 중앙에서 선미 쪽으로 1.85 m}\end{array}\right\}\quad \therefore \text{ LCG와 LCB 거리} = 1.15\text{ m}$$

즉 이 선박이 복원 레버를 구성하는 등흘수 상태에 있다면 LCG와 LCB 사이의 거리는 1.15 m이다. 이 선박을 종방향 평형에 이르게 하려면 16000 × 1.15 m의 모멘트가 요구된다.

$$\text{트림 변화} = \frac{W \times (\text{LCG to LCB})}{\text{MCT 1 cm}}$$

$$\text{이것은 선미 트림 } \frac{16\,000 \times 1.15}{200} = 92\text{ cm를 유발하고,}$$

$$\begin{array}{r}\text{LCF에서 선미 쪽 30 m 지점에 500톤의}\\ \text{화물 적재로 인한 선미 트림}\end{array} = \frac{500 \times 30}{200} = 75\text{ cm}$$

$$\text{총 트림} \quad 167\text{ cm (선미 트림), 즉 1.67 m}$$

$$\begin{array}{lrr}
\text{원래의 평균 흘수} & 8.00\text{ m} & \\
\text{500톤의 화물에 의한 침하} = W/TPC = \frac{500}{22.3} = & 0.22\text{ m} & \\
\text{LCF에서의 새로운 평균 흘수} = & 8.22\text{ m} & 8.22\text{ m} \\
\text{선수 트림 변화} = \frac{76 \times 1.67}{156} = & - & -0.81\text{ m} \\
\text{선미 트림 변화} = \frac{80 \times 1.67}{156} = & +0.86\text{ m} & \\
\textit{최종 흘수}\text{ 선미} & 9.08\text{ m} & \text{선미 } 7.41\text{ m}
\end{array}$$

유체정역학 데이터 표

예제 66

길이(LBP)가 136 m인 선박이 적재를 마치고 출항 준비가 되었다. 배수량은 12 756톤이고 LCG는 선체 중앙에서 선미 쪽 0.28 m이다. 이 선박의 트림 및 복원성 책자에서 다음의 정보를 알 수 있다:

흘수 d_H	*배수량(톤)*	*MCT 1 cm (톤−미터/cm)*	*LCF*	*LCB*
8.00 m	14253	162.9	선체 중앙 뒤쪽 1.20 m	선체 중앙
7.00 m	12258	158.1	선체 중앙 뒤쪽 0.50 m	선체 중앙 앞쪽 0.45 m

위의 유체역학 정보를 이용하여 이 선박의 최종 선수 및 선미 출항 흘수를 계산하라.

우선 배수량 값들 내에서, 다음과 같이 내삽(interpolation)으로 계산한다:

$$\left.\begin{array}{l}14\,253 - 12\,258 = 1995\text{ tonnes}\\ 12\,756 - 12\,258 = \ \ 498\text{ tonnes}\end{array}\right\}\frac{498}{1995} = 0.25\text{ m} = \delta\text{d}$$

$$\therefore \textit{평균 흘수} = 700 + 0.25 = 7.25\text{ m (LCF 지점에서의 값)}$$

$$\text{흘수 값 } 7.25\ m\text{에서 } MCTC = 158.1 + 0.25(162.9 - 158.1)$$

$$= 159.3\text{톤}-\textit{미터}/cm$$

$$\text{선체 중앙에서부터의 LCF} = 0.50 + 0.25(1.20 - 0.50) = 0.68\text{ m (선체 중앙의 뒤쪽),}$$

$$\text{즉 } +0.68\text{ m.}$$

$$\text{선체 중앙에서부터의 LCB} = 0.45 - (0.25 \times 0.45) = 0.34\text{ m (선체 중앙의 앞쪽),}$$

$$\text{즉 } -0.34\text{ m.}$$

$$\text{트림 변화} = \frac{\text{W} \times (\text{LCG} - \text{LCB})}{\text{MCTC}} = \frac{12\,756 \times \overbrace{(+0.28 - -0.34)}^{+0.62\text{ m}}}{159.3}$$

$$= +50\text{ cm}$$

$$= \text{선미 트림 50 cm}$$

$$\textit{선미 흘수} = \text{평균 흘수} + \text{트림 변화}$$

$$= 7.25\text{ m} + \left[\frac{67.32}{136} \times 0.50\text{ m}\right]$$

$$= 7.50\ m$$

$$\textit{선수 흘수} = 7.25\text{ m} - \left[\frac{68.68}{136} \times 0.50\text{ m}\right]$$

$$= 7.00\ m$$

결언

지난 50년 간 기계 및 전자 계기가 선박에 탑재되어 본서의 10개 장에서 논의한 여러 복원력 및 강도의 평가에 사용되었다.

이들 계기는 다음과 같다:

1. 'Ralston' 트림 및 복원력 계산기
2. 'Kelvin Hughes' 응력 및 트림 지시기
3. 평균 흘수와 자유표면 영향을 포함하는 GM을 계산하는 'Stabilogue'
4. 'Dobbie-McInnes Stabilogue'
5. 선박 길이에 걸친 전단력 및 휨 모멘트를 계측하는 전기 기기 'Loadicator'

컴퓨터 기술로 인하여 이들 기계 및 전자 계기는 더 이상 선박에 탑재되어 이용되지 않는다. 이들 계기는 구식이 되었다. 이들 계기는 이제 소프트웨어와 하드웨어로 교체되어 요구되는 여러 값들을 정확하고 신속하게 계산하고 있다. 단시간 내에 여러가지 다른 옵션들을 검토할 수도 있다.

이런 컴퓨터 기술을 사용하면 수치 데이터 결과뿐만 아니라 선수와 선미에 걸쳐 전단력과 휨 모멘트에 이들 값들의 최대 허용치를 중첩하여 그래픽에 나타낼 수 있게 되었다.

만일 어떤 화물을 화물창에 적재하는 것으로 입력하는 데 그 화물창의 용적이 그 화물을 수용할 수 없을 때는 소리 또는 빛을 이용한 신호를 작업자에게 알려 오류가 발생했음을 경고해 준다.

이와 비슷하게 만일 적재 상황이 D.Tp. 규제를 위배하는 경우, 예를 들어 GM이 0.15 m보다 작을 경우에는 경고가 주어진다.

컴퓨터 프로그램이나 패키지를 더 자세히 설명하는 것은 본 복원성 교과서의 범주를 벗어나는 것이다.

APPENDIX I

개정 한 줄 문제

Revision One-liners

다음은 65개의 한 줄 문제(one-line questions)인 데, 시험 준비에 보조로 활용할 수 있다.

1. KG의 다른 이름은?
2. 액체 비중계(Hydrometer)는 어디에 사용되는가?
3. 횡경사각이 10도 이하일 때의 GZ 계산식은?
4. 해수에서 운항하는 선박의 TPC와 MCTC를 구하는 공식은?
5. 메터센터(경심) KM을 구하는 공식 두개는?
6. 선박에서 자유표면 영향을 줄이려면 어떻게?
7. KB의 다른 이름은?
8. 경사시험을 실시하기 전의 요구사항 네가지는?
9. 그림을 그려서 LOA와 LBP를 정의하라.
10. 복원력 교차곡선은 무엇을 위해 사용되는가?
11. 수선면의 선체 종방향 중심을 무엇이라 부르나?
12. 어떤 선박에 중량물을 싣게 되면 두 가지 변화를 유발한다. 이들 변화는 무엇인가?
13. 일곱개의 등간격 종좌표를 가지는 포물선 선형에 대한 심프슨 제 1법칙은?
14. (a) 상자형 선박 (b) 삼각형 선박의 KB는?
15. 선상에서 이용되는 유제정역학 곡선은 무엇인가?
16. 그림을 그려서 방형계수, 수선면 계수 및 중앙횡단면 계수를 정의하라.
17. 정복원력 곡선을 그리고 그 곡선 위에 6가지 중요한 점을 표시하라.

18. D.Tp.에서 허용하는 GZ의 최소값과 횡GM의 최소값은?
19. 선박의 끝단 흘수가 변할 수 있는 세가지 방법을 나열하라.
20. GM이 0.45 m이고 관성 반경이 7 m일 때 고유 횡요 주기를 초를 단위로 하여 추정하라.
21. '기준(datum)' 위치 또는 점은 무엇인가?
22. M, I 및 y로 나타내는 휨 모멘트 공식은?
23. 유체역학적 곡선 한 세트를 도식하라.
24. 음의 GM에 의한 횡경사(angle of loll)의 세 가지 특징을 나열하라.
25. (a)모멘트 (b) 관성 모멘트(moment of inertia)를 정의하라.
26. 선체 강도 곡선에서 첫번째 세 곡선을 그려라.
27. '평행축 이론(theory of parallel axis)'의 공식은?
28. 폭의 증가, 그리고 건현의 증가가 정복원력 곡선에 미치는 영향은?
29. 상자형 선박과 삼각형 선박에 대한 메터센트 다이어그램을 그려라.
30. 방형계수가 0.715이고 중앙단면계수가 0.988일 때 주형계수를 계산하라.
31. 심프슨 제 3법칙의 사용에 대해 서술하라.
32. GZ를 계산하는 연직현측 공식(wall-sided formula)은?
33. '투과성'을 정의하라. 화물창이나 탱크 내의 내용물과 관련이 있는 예를 두 가지 들라.
34. 상자형 선박과 삼각형 선박에 대한 휨 모멘트 방정식은?
35. 편심 중량에 의한 경사각(angle of list)의 세가지 특징을 나열하라.
36. 전단력 곡선과 휨 모멘트 곡선을 그리고 이들의 상호 관계를 보이라.
37. 일곱개의 등간격 종좌표를 가지는 곡선에 대한 심프슨 제 2법칙을 제시하라.
38. 수문에 작용하는 물의 압력에 대한 공식은?
39. 선박 기중기로 부두에서 중량을 들어 올릴 때 그 중량의 무게중심이 작용하는 곳은?
40. 덜 채워진 탱크란 무엇이며 그것이 선박 복원력에는 어떤 영향을 미치는가?
41. 배수량 곡선을 그려라.
42. VCB에 대한 모리쉬 공식(Morrish's formula)은 무엇인가?
43. 경사시험에서 경사각의 접선은 어떻게 얻어지는가?

44. '정복원력의 모멘트'와 '동복원력'이 의미하는 바는?

45. 초기에 매우 작은 음의 GM을 가지는 정복원력 곡선에서 복원력 범위는?.

46. 선폭이 45 m이다. 2도의 경사각에서 흘수는 얼마나 증가하는가?

47. 덜 채워진 탱크에서 자유표면 영향으로 인한 GM 손실을 구하는 공식은?

48. 선박의 경사시험은 어떤 목적으로 실시하는가?

49. 선박의 '참 평균 흘수'은 무엇인가?

50. 선박의 입거 시 가상적인(겉보기) GM 손실이 있다. 이 손실에 대한 공식 두 가지는?

51. 심프슨 규칙을 이용하여 (a) 선체 중앙 (b) 선체 중심에 대한 관성 모멘트 공식은?

52. 선박의 선회 시의 횡경사각을 추정하는 데 관여하는 요소들을 논의하라.

53. '탄력있는 선박'과 '무른 선박'이란 무엇인가. 이에 대한 전형적인 GM 값을 제시하라.

54. 손실부력법을 이용할 경우, 선체 손상으로 침수가 발생한 이후 VCG는 어떻게 변하는가?

55. 받침점(fulcrum)이란 무엇인가?

56. 새깅 모멘트가 발생한 선박의 휨 응력 다이어그램을 그려라.

57. 'boot-topping' 구역은 선박의 어디에 있는가?

58. 천수역에서의 선체 침하(Ship Squat)를 정의하라.

59. SLWL은 무엇을 의미하는가. 이 용어의 다른 명칭을 제시하라.

60. 중량 모멘트 표는 무엇인가?

61. 선박의 불안정 평형 상태를 유발하는 것은 무엇인가?

62. 선박의 호깅 모멘트를 유발하는 것은?

63. 메터센터 높이를 의미하는 글자는?

64. 만재 상태의 초대형 유조선, 일반 화물선, 여객선에 대한 전형적인 Cb 값은?

65. 선박이 물의 밀도가 서로 다른 수역을 통과할 때 어떤 일이 발생하는가?

APPENDIX II

연습문제

Problems

1. 길이가 100 m이고 폭이 15 m인 상자형 선형이 상대 밀도가 1.013인 물에 5.3 m의 흘수로 떠 있다. 만약 이 선박의 해수 중 최대 허용 흘수가 6.0 m라면 이 선박에 적재할 수 있는 최대 톤수는 얼마인지를 계산하라.

2. 배수량이 6800톤이고 GM이 0.7 m인 선박이 우현 쪽으로 5°만큼 경사져 있다. 이 선박을 직립 상태로 하려면 선체중심선에서 좌현 4 m 지점에 있고 선박의 원래 C.G.에서 3 m 상부에 있는 좌현 중갑판에 몇 톤의 화물을 적재해야 하는가를 계산하라.

3. 배수량 12500톤, KM 8.5 m, KG 7.0 m인 선박이 물에 똑바로 떠 있다. 이 선박에 다은의 화눌을 적재한다: 400톤, KG 5 m; 770톤, KG 6.8 m; 300톤, KG 0.5 m; 835톤, KG 10 m. 또한 이 선박에서 다음의 화물을 내린다: 460톤, KG 9 m; 565톤, KG 8 m. 연료유 100톤을 좌현에서 우현으로 14 m 거리만큼 옮긴다면 이 선박의 경사각은 얼마가 되는 지를 계산하라.

4. 배수량이 14000톤인 선박이 8.25 m의 등흘수로 떠 있을 경우 수선면의 길이는 144 m이다. 등간격으로 나누어진 수선면의 1/2 종좌표는 선수로부터 시작하여: 0, 2.7, 5.9, 8.3, 10.6, 10.6, 9.9, 6.4 및 2.1 m이다. 부심(center of flotation)의 위치, 담수 허용치(fresh water allowance) 및 수선면 계수를 각각 계산하라.

5. 길이 20 m, 폭 16 m, 깊이 1 m인 이중저 탱크에는 중심선에 종방향 방수 구획이 되어 있다. 이 탱크의 좌현 쪽에 상대 밀도가 0.975인 기름을 반쯤 채울 때 이 선박의 경사각을 계산하라. 기름을 채우기 전 이 선박의 해수에서의 배수량, KM 및 KG은 각각 9422톤, 8.4 m 및 7.5 m라고 가정하라.

6. 길이가 150 m이고 선수 흘수 8.2 m, 선미 흘수 9.35 m이며 MCT 1 cm는 210톤-미터이고 TPC는 25인 선박에 다음의 화물을 적재한다: 300톤, 부심 전방 40 m 지점; 350톤, 부심 후방 52 m 지점; 100톤, 부심 지점; 225톤, 부심 전방 12 m. 추가의 화물 적재가 예상되는 바 적재 가능 장소는 부심 후방 63 m 지점의 화물창과 선수부 중갑판이다. 선미 흘

수가 10.0 m가 되게 하려면 선미 쪽으로 얼마만큼의 화물을 적재해야 하는가? 이 선미 흘수를 유지하려면 나머지 화물을 어느 곳에 저장해야 하는가? 부심(C.F.)은 선체 중앙에서 선미 방향 5 m 지점에 위치한다.

7. 선수 흘수가 6.65 m이고 선미 흘수가 7.33 m인 선박이 화물 적재 후에 평균 흘수가 8.00 m이고 선미 쪽으로 0.5 m 트림이 지게 해야 한다. 적재 공간은 부심 전방 43 m 지점과 부심 후방 48 m 지점에 있다. 요구되는 흘수를 가지게 하려면 각 적재 가능 공간에 얼마만큼의 화물을 적재해야 하는가? MCT 1 cm는 175톤－미터이고 TPC는 18이며, 부심은 선체중앙에 위치한다.

8. 선수 흘수가 6.75 m이고 선미 흘수가 7.95 m인 선박이 최대 등흘수 7.4 m 상태로 운하를 통과하려 한다. 부심으로부터 60 m 지점에 있는 선수 피이크 탱크(forepeak tank)가 비어 있는 유일한 탱크인데, 이 탱크에는 선측으로부터 물을 채우거나 부심 후방 40 m 지점에 있는 5번 이중저 탱크(저장용량 120톤)의 평형수를 옮겨 채울 수 있다. 최대 흘수에서 올바른 트림을 얻기 위해서는 선수 피이크 탱크에 얼마만큼의 물을 채우거나 옮겨야 하는가? 이 선박의 MCT 1 cm는 150톤－미터이고 TPC는 20이다.

9. 길이 125 m, 폭 18 m의 상자형 선박이 KG가 7.0 m인 흘수 9.0 m로 떠 있다. 선체 중앙부 우현 수선에 있는 배수 배관이 파손되었다. 이를 수리하기 위해서는 선박을 수선에서 1 m 위로 부상시켜야 한다. 10 m 떨어져 있는 두 연료유 탱크의 한쪽에서 다른 한쪽으로 얼마의 연료유를 이송해야 하는가? 수선면적은 얼마이며 이 수선면적에 대응하는 TPC는 얼마인가?

10. 어떤 선박이 등흘수 7.5 m를 유지하며 해수에서 떠 있다. 이 선박의 수선면 길이, 폭 및 수선면 계수는 각각 150 m, 16 m 및 0.833이다. 길이 19 m 폭 15 m 깊이 1.2 m인 이중저 탱크의 해수 밸브를 개방하여 탱크를 해수로 채우려 한다. 해수로 가득 채운 경우 탱크 상부에 작용하는 쓰러스트(액체의 압력에 의한 힘)는 얼마인가?

11. 배수량이 9300톤이고 KM이 9.25 m인 어떤 선박에서 중량물 15톤을 갑판을 가로질러 수평으로 15 m만큼 이동시켰다. 이때 13.5 m 길이의 연직추가 움직인 평균 변위(또는 거리)는 35.5 cm이었다. 이 선박의 KG와 경사각을 계산하라.

12. 어떤 선박의 만재흘수선 15.2 m까지의 TPC(tons per centimeter immersion)가 등간격 수선에 대하여 다음과 같이 주어졌다:

$$0,\ 18.5,\ 19.4,\ 20.4,\ 21.6,\ 23.3,\ 24.7,\ 26.0,\ 27.5.$$

이 선박이 해수 중에 있을 때의 배수량과 부력 중심의 위치를 계산하라. 또한 부력 중심 위치는 모리쉬 공식(Morrish's formula)을 이용하여 재확인하라.

13. 길이가 186 m이고 선수흘수 9.45 m 선미흘수 10.35 m인 선박에 부심 전방 20 m 지점에 200톤, 부심 후방 45 m 지점에 375톤의 화물을 적재한다. 그 후 부심 후방 25 m 지점에

있는 95톤 화물을 내린다. 만일 부심이 선체 중앙에서 후방 5 m에 위치하고 MCT 1 cm가 270톤-미터이며 TPC가 32이라면 이 선박의 새로운 선수미 흘수를 계산하라.

14. 길이 150 m 폭 20 m인 상자형 선박이 7 m의 흘수와 7.6 m의 KG로 해수 중에 떠 있다. 선폭 전체를 차지하고 길이가 25 m인 중앙 구획이 파손되어 침수되었다. 이 선박이 5°로 경사졌다면 이때의 정복원력 모멘트를 계산하라.

15. 길이 150 m 폭 25 m인 상자형 선박이 7 m의 등흘수로 해수 중에 떠 있다. 상대밀도가 0.625이고 2.0 m^3/톤의 톤당 부피를 가지는 화물을 저장하고 있는 길이 30 m의 중앙 구획이 손상되어 침수가 발생했다. 새로운 흘수를 계산하라.

16. 길이 100 m, 폭 12 m, 깊이 10 m인 상자형 선박이 흘수 6.0 m로 해수에 떠 있다. 이 선박의 KG는 4.5 m이다. 다음을 구하라:

 a) 메타센터 높이?

 b) 20° 경사 시의 정복원력 모멘트?

 c) 20° 경사 시의 동복원력?

17. 길이가 216 m인 선박이 납작한 선저 외판 상에서 등간격으로 다음과 같은 종좌표를 가진다: 0, 12, 16, 18.3, 19.6, 20, 18.1, 13.1, 6.9 및 1.9 m. 만일 이 선박이 상대밀도가 1.018인 물에 흘수 8 m로 떠 있다면 선저 외판에 작용하는 상방향 쓰러스트(액체 압력에 의한 힘)는 얼마인가?

18. 어떤 수선면이 다음의 종좌표로서 정의된다:

 0, 2.4, 3.3, 3.4, 2.9 및 0.6 m.

 이 선박의 길이가 15 m라면 지금 현재 흘수에서의 TPC를 계산하라.

19. 어떤 선박이 선수 흘수 7.3 m 선미 흘수 7.0 m로 떠 있다. 이 선박의 TPC가 20, MCT 1 cm가 125톤-미터로 주어진다면, 이 선박을 등흘수 7.5 m 상태가 되게 하기 위해서 무게중심이 부심 후방 45 m 지점에 있는 4번 화물창과 부심 전방 60 m 지점에 있는 1번 화물창에 얼마만큼의 화물을 적재해야 할지를 계산하라.

20. 경하 배수량이 3500톤이며 KG가 7. 5 m, KM이 7.2 m인 선박에 9000톤의 광석을 적재해야 한다. 하부 화물창의 KG는 6.0 m이며 중갑판의 KG는 13.0 m이다. 적재 시의 유일한 요건이 적재 후 8° 경사각에서 복원 모멘트가 500톤-미터가 되어야 하는 것이라면, 위의 두 장소에 적재해야 할 화물의 양은 얼마인가?

21. 길이가 200 m이며 배수량이 12200톤인 선박이 등흘수 상태로 항구에서 출항한다. 이 선박은 KG가 0.75 m이며 부심 전방 8 m 지점에 있는 연료유 600톤을 소모하며, KG가 6.0 m이며 부심 전방 96 m 지점에 있는 용수 150톤을 소비한다. 선미 피이크 탱크(100톤 용

량)에서 170 m 떨어진 선수 피이크 탱크로 이송해야 할 물의 양을 계산하고, 만약 필요하다면, KG가 0.8 m이고 부심 전방 40 m 지점에 있는 이중저 탱크에 얼마만큼의 물을 채워야 이 선박이 다시 등흘수 상태로 되돌릴 수 있는 지를 계산하라.

22. 선미 흘수가 10.5 m이고 선수 흘수가 13.0 m인 선박이 수심이 단지 13.0 m인 항구에 정박해야만 한다. 선저 아래 해저와의 간격을 최소한 0.2 m 만큼 확보하기 위해서 선체 중앙에서 2 m 후방에 위치한 부심 위치의 전방 25 m 지점에서 빼내야 할 물의 양을 계산하라. 선박의 길이는 180 m이며 TPC는 18, MCT 1 cm는 100이다.

23. 배수량 9980톤, GM 0.8 m, KG 11.0 m인 선박이 무게 20톤의 컨테이너를 들어 올린다. 컨테이너가 안벽 바닥에서 들려 떨어질 때의 선박의 경사각을 구하라. 기중기는 선체 바깥으로 16 m 까지 도달하고 헤드 블록은 안벽 바닥 위로 16 m, 선저 위로는 21 m 지점에 있다. 또한그 컨테이너가 KG가 9 m이며 선체중심선에서 9 m 벗어난 선내 장소에 탑재되는 경우의 선체 경사각을 구하라.

24. 자체 무게를 무시할 수 있는 길이 20 m의 보에 균일 하중 20톤이 작용하고 있다. 전단력 및 휨 모멘트 곡선을 작성하고, 만일 보의 양단이 칼날에 의해 지지 받는다고 하면 이 보의 한쪽 끝에서 6 m 떨어진 지점에서의 전단력과 휨 모멘트를 구하라.

25. 자중을 무시할 수 있는 길이 10 m의 외팔보의 자유단에 5톤의 하중이 작용하고 있다. 전단력 및 휨 모멘트 곡선을 그리고, 보의 중앙에서의 전단력과 휨 모멘트를 계산하라.

26. 길이 120 m, 선수 흘수 6.2 m, 선미 흘수 7.0 m인 선박의 MCT 1 cm는 100이며 TPC는 12이다. 수심 6.9 m인 수역에서 해저에 설치된 장애물과 선저와의 간격이 20 cm에 불과할 때 이 장애물 위를 무사히 통과하기 위해서 이 선박의 선미 피이크 탱크에서 뽑아내야 할 물의 중량을 구하라. 이 선미 피이크 탱크는 선체중앙 후방 2 m에 위치해 있는 부심의 후방 50 m 지점에 있다.

27. 어떤 선박 수선면의 1/2 종좌표는 0; 2.4; 5.4; 7.2; 7.8; 9.0; 8.4; 7.2; 4.2; 0 이다. 수선면의 길이가 140 m라면 담수 중에서의 이 흘수에 대한 TPC와 부심의 위치를 구하라. 또한 수선면 계수 Cw의 값을 계산하라.

28. 담수 중에서 등흘수 2.0 m로 떠 있는 길이 20 m, 폭 9 m, 깊이 7 m의 선박이 KG값 4.0 m를 가지고 있으며, KG가 3.0 m인 균일하게 분포된 540톤의 하중이 적재되어 있다. 원래의 GM과 적재 후의 GM을 계산하라.

29. 배수량이 10000톤인 선박이 1.0 m의 GM 값을 가지며 우현 쪽으로 4° 기울어져 있다. 이 선박에 KG 10.0 m의 화물 250톤을 추가로 적재해야 한다. 적재 가능한 공간은 선체 중심선 우현 6.0 m 지점과 선체 중심선 좌현 4.0 m 지점이다. 적재 후 선박이 직립 상태를 유지하려면 각각의 지점에 얼마만큼의 화물을 적재해야 하는가?

30. 길이 150 m, 선수 흘수 6.6 m, 선미 흘수 9.8 m, 부심은 선체 중앙 후방 2 m에 위치하며

저장품과 연료유가 300톤인 선박에 적재할 수 있는 화물의 양을 추정하라. 배수량 곡선에서 다음의 정보를 얻는다:

흘수(m)	배수량(톤)
8.4(만재)	11090
8.0	10570
2.5(경하)	3700

31. 횡격벽의 한쪽 면에는 수심 12 m의 평형수가 있고 다른 쪽 면에는 깊이 18 m의 기름이 있다. 이 격벽은 사각형이며 폭은 16 m이다. 평형수의 밀도는 1.025톤/m^3이며 기름의 밀도는 0.895톤/m^3이다.

    쓰러스트(액체 압력에 의한 힘)의 합력(resultant)과 격벽 바닥의 기선을 기준으로 한 압력 중심을 계산하라.

32. 어떤 선박의 수선면이 다음과 같이 AP에서 시작하여 20 m 간격으로 다음과 같은 1/2 종좌표를 가진다.

    0.50, 6.00, 12.00, 16.00, 15.00, 9.00 및 0.0 m.

    이 수선면에 대하여 다음의 정보를 계산하라:

    (a) 수선면적 P&S
    (b) 밀도 1.012톤/m3인 강물에서의 TPC
    (c) 선체중앙으로부터 LCF
    (d) 선체 중앙에 대한 관성 모멘트
    (e) LCF에 대한 관성 모멘트
    (f) 선체 중심선에 대한 관성 모멘트

33. LBP가 120 m인 선박의 흘수 마크로부터 선미 흘수가 5.15 m이며 선수 흘수는 4.05 m임을 읽어낼 수 있다. 만일 선미 흘수 마크가 AP의 5 m 전방에 있고 선수 흘수 마크는 FP의 4.00 m 후방에 있다면, AP와 FP에서 이에 해당하는 흘수를 계산하라.

34. 아래의 데이터는 일련의 KN 복원력 교차 곡선에서 얻어진 것이다.

횡경사각	0°	15°	30°	45°	60°	75°	90°
KN 종좌표(m)	0	3.20	6.50	8.75	9.70	9.40	8.40

    이 선박의 실제 KG가 9.00 m이라면 GZ 종좌표를 계산하고 정복원력 곡선을 그려라. 그 곡선으로부터 다음을 추정하라;

    (a) 복원력 범위
    (b) 갑판 몰수가 발생하는 횡경사각
    (c) 최대 GZ
    (d) 최대 GZ가 발생하는 횡경사각
    (e) 횡경사각이 20°일 때의 복원 모멘트

35. 어떤 선박의 배수량이 4650톤, TPC가 14, KM이 4.5 m(고정된 값으로 간주), 그리고 KG가 3.3 m이다. 이 선박은 등흘수이다. 이 선박이 드라이 도크에 입거되어 블록 위에 거치된다.

(a) 드라이 도크 내에서 0.5 m의 물이 추가로 배수되었을 때 이 선박의 유효 GM을 계산하라(두 가지 방법을 이용할 것).

(b) 위 두 가지 방법을 이용하여 복원 모멘트가 2433톤-미터임을 증명하라.

36. 어떤 선박의 형폭이 21.75 m, KG가 6.82 m, 그리고 KM이 8.25 m이다.

(a) 관성 반경에 대한 근사식을 이용하여 위 적재 조건에 대한 고유 횡동요 주기 T_R을 계산하라.

(b) 근사 공식을 이용하여 T_R을 추정하라.

(c) 위의 두 해답에 근거하여 이 선박이 "탄력있는 배(stiff ship)'인지 '무른 배(tender ship)'인지를 논의하라.

37. 길이 80 m, 폭 12 m인 상자형 선박이 담수 중에서 등흘수로 떠 있다. 이 선박은 횡격벽으로 다섯 개의 똑 같은 구획이 설정되어 있다. 2번 화물창에 150톤의 화물, 4번 화물창에 50톤의 화물, 그리고 5번 화물창에 50톤의 화물이 이미 적재되었다.

(a) 전단력 및 휨 모멘트 다이어그램을 작성하라.

(b) 전단력과 휨 모멘트의 최댓값을 결정하고, 그 최대값이 발생하는 지점을 보이라.

38. 상자형 선박이 다음의 데이터를 가진다.

길이는 80 m, 폭은 12 m, 등흘수는 6 m, KG는 4.62 m.

길이가 10 m이고 폭은 선폭과 동일하며 깊이는 2.4 m인 이중저 탱크에 밀도가 1.025 t/m^3인 평형수로 탱크의 반을 채운다. 이 탱크는 선체 중앙에 위치해 있다.

평형수를 탱크의 반을 채운 후의 새로운 등흘수와 새로운 횡GM을 계산하라.

39. 어떤 상자형 선박의 길이는 60 m이고 폭은 13.73 m인데, 해수 중에 8 m의 등흘수로 떠 있다.

(a) 3 m 흘수에서 8 m 흘수까지 1 m의 간격으로 KB, BM 및 KM 값을 계산하라. 계산 결과를 이용하여 메터센트 다이어그램을 그려라.

(b) 3.65 m 등흘수 상태에서, VCG은 기선 위 4.35 m에 있다. 위의 다이어그램을 이용하여 이 적재 조건에서의 횡GM을 추정하라.

(c) 5.60 m 등흘수에서 VCG는 기선 위 5.60 m에 있다. 위의 다이어그램을 이용하여 이 적재 조건에서의 횡GM을 추정하라. 이 선박은 어떤 평형 상태(state of equilibrium)에 있는가?

40. LBP가 10 m인 선박이 아래 표에 보인 바와 같이 출항 준비가 되게 적재를 완료했다. 이 선박의 해수 중 8 m 등흘수에 대한 유체정역학 곡선에서 다음을 알 수 있다:

MCTC는 150톤-미터/cm, LCF는 선체 중앙 전방 2.5 m, W는 12 795톤, 그리고 LCB는 선체 중앙에서 전방 2 m.

이 선박의 최종 끝단 흘수를 계산하라. 트림의 최종값은 얼마인가? 이 적재조건에서 최종 재화중량(dwt)은 얼마인가?

항목	중량(톤)	선체 중앙으로부터의 LCG
경하중량	3600	2.0 m 후방
화물	8200	4.2 m 전방
연료유	780	7.1 m 후방
저장품	20	13.3 m 전방
청수	100	20.0 m 후방
급수	85	12.0 m 후방
선원 및 소지품	10	선체 중앙

41. 어떤 선박의 배수량은 9100톤이고, LBP는 120 m, 밀도가 1.000 t/m^{3}인 담수에서 7 m의 등흘수를 가진다. 이 선박의 유제정역학 곡선에서 다음 정보가 얻어졌다.

    $MCTC_{SW}$는 130톤-미터/cm, TPC_{SW}는 17.3톤, LCB는 선체 중앙 전방 2 m, 그리고 LCF는 선체 중앙 후방 1.0 m.

    배수량 9100톤에는 전혀 변화가 없는 채로 밀도가 1.020 t/m3인 수역으로 진입할 때 이 선박의 새로운 양 끝단 흘수를 계산하라.

42. 어떤 선박이 안벽으로부터 중량물을 들어 올려 배 안에 들여 놓으려 한다. 아래에 주어진 데이터를 이용하여 이 안벽으로부터 중량물이 막 들어 올려졌을 때 이 선박의 횡경사각을 계산하라. 들어올려질 중량물의 무게는 140톤이며 9.14 m 만큼의 구간을 이동할 수 있다.

    중량물을 들어 올리기 전의 선박 배수량은 10060톤이다.

    중량물을 내리기 전, 이 선박의 KB는 3.4 m, KG는 3.66 m, TPC_{SW}는 20, I_{NA}는 22788 m4, 해수에서의 흘수는 6.7 m이다. 기중기의 헤드(head) 높이는 선박의 기선에서 위로 18.29 m이다.

43. 무게 4톤의 중량을 횡방향으로 19 m 거리만큼 이동시켜서 배수량 8,000톤인 선박이 기울어지게 하여 경사시험을 실시했다. 길이가 6 m인 두 연직추의 평균 변위는 12 cm이었다. 이 경사시험을 완료하기 위해 사용된 '추가 중량(weights on)'은 KG = 7.65 m에 중심을 둔 75톤이었고, '제거 중량(weights off)'은 KG = 8.16 m에 중심을 둔 25톤이었다.

    (a) 이 선박이 기울어진 상태에서, 위 정보에 관련된 GM과 횡경사각을 계산하라.

    (b) 기울어진 선박의 유체정역학 곡선으로부터 KM은 9 m이었다. 이 선박의 최종적인 경하중량과 그 중량에서의 VCG를 계산하라.

44. (a) '음의 GM에 의한 횡경사(Angle of Loll)'에 대한 특징등에 대하여 간단히 기술하라.

(b) 어떤 상자형 부선(barge)의 폭은 6.4 m, 흘수는 등흘수 2.44 m이며, KG는 2.67 m 이다.

연직현측 공식(wall-sided formula)을 이용하여, 4° 간격으로 하여 20° 까지의 횡경사각에 대한 GZ 종좌표를 계산하라. 계산 결과를 이용하여 20° 횡경사각까지의 정복원력 곡선을 작성하라. 작성된 곡선 상에 중요한 사항을 표시하라.

$$\mathrm{GZ} = \sin\theta(\mathrm{GM} + 1/2.\mathrm{BM}.\tan^2\theta)$$

45. 길이 10 m의 보의 양 끝단이 R_A와 R_B에서 단순 지지되어 있다. 아래의 하중이 이 보에 작용한다:

R_A에서 3 m 지점에 3톤.

R_A에서 5 m 지점에 2톤.

R_A에서 7 m 지점에 4톤.

R_A에서 8 m 지점에 1톤.

보의 길이 10 m 전체에 걸쳐 2톤/m의 분산 하중(spread laod).

(a) R_A와 R_B에서의 반력을 계산하라.

(b) 전단력 및 휨 모멘트 다이어그램을 작성하라.

(c) 최대 휨 모멘트를 계산하라.

46. 어떤 선박이 적재를 완료하여 출항 준비 상태가 되었다. KM은 11.9 m이고 KG는 9.52 m 이며 배수량은 20 550톤이다. 이 선박의 유체정역학 곡선으로부터 배수량이 20 550톤 및 VCG가 기선 위 8 m인 상태에 대한 GZ 종좌표를 얻을 수 있다:

횡경사각(θ)	0	15	30	45	60	75	90
GZ 종좌표(m)	0	1.10	2.22	2.60	2.21	1.25	0.36

이 정보를 이용하여 이 적재 조건에 대한 정복원력 곡선을 작성하고 아래의 사항을 결정하라.

(a) 최대 복원 레버 GZ.

(b) 위 최대복원 레버가 발생하는 횡경사각.

(c) 갑판 가장자리가 막 물에 잠기는 횡경사각

(d) 복원력 범위

47. 어떤 선박의 LBP는 130 m이고 배수량은 9878톤이며, LCG는 선체 중앙의 전방 0.36 m 에 있다. 이 선박의 유체정역학 데이터 표에서 다음 정보를 알 수 있다:

흘수 (m)	배수량 (톤)	MCT 1cm (톤-미터/cm)	선체중앙으로부터의 LCF	선체중앙으로부터의 LCB
6.0	10293	152.5	전방 0.50 m	전방 0.80 m
7.0	8631	145.9	전방 0.42 m	전방 1.05 m

이 적재 조건에 대한 선수미 끝단의 흘수를 계산하라.

48. 선속이 21 노트인 선박의 횡메터센터 높이는 0.40 m이며, KG는 6.2 m이고 횡방향 저항 중심(KB)은 4.0 m이다.

방향타를 우현 최대각으로 돌리면 이 선박은 반경 550 m로 선회한다. 원심력만을 고려했을 때, 이 선박이 주어진 속력으로 선회할 때 생겨나는 횡경사각을 계산하라.

49. 어떤 선박이 다음과 같은 제원을 가지고 있다.

배수량은 9,000톤, 횡동요 고유주기 T_R은 15초, GM은 1.20 m.

아래와 같은 적재 조건의 변화가 있을 때 이 선박의 새로운 횡동요 고유주기를 결정하라.

선박 VCG의 4.0 m 상부 위치에 2,000톤을 추가 적재.

선박 VCG의 3.0 m 하부 위치에 500톤을 내림.

적재 조건의 변화 전후에도 KM의 값은 동일하다고 가정하라. 최종 결과로부터 이 선박이 '탄력있는 배(stiff ship)'인지 또는 '무른 배(tender ship)'인지를 논의하라.

50. 상갑판의 일부분에 15 m 간격으로 된 세 개의 1/2 종좌표가 있다. 그 종좌표는 각각 7.35, 9.76, 및 10.29 m이다. 좌우현(P&S)에 걸쳐 형성된 면적을 계산하고, 첫 번째 좌표와 두 번째 좌표 사이 부분에 대한 LCG 값은 첫 번째 좌표를 기준으로 하여 계산하라.

APPENDIX III

연습문제 해답

Answers to Problems

1. 1171.65톤(담수 허용치(FWA)가 이용된 경우는 1187톤)
2. 104.125톤
3. 3°33′
4. 선수로부터 80.41 m; 담수 허용치(FWA) 170.5 mm; Cw 0.656
5. 좌현으로 $2°09\frac{1}{2}'$
6. 101.2톤; 부심 전방 18 m
7. 선수 993.5톤; 선미 824.5톤
8. 120톤 이송. 하중 100톤
9. 115.3톤
10. 1890.34톤, 1999 m^2, 20.49톤
11. 7.962 미터, 1.51°
12. 32 407.7톤; 8.464 m; 8.739 m
13. 선수 9.395 m; 선미 10.684 m
14. 1065.5톤−미터
15. 6.25 m
16. (a) 0.5 m (b) 1596.4톤−미터

    (c) 근사적으로 250톤−미터
17. 24737.4톤

18. 0.395
19. 1번 화물창 264.3톤 그리고 4번 화물창 435.7톤
20. 중갑판에 1379.62톤 그리고 하부 화물창에 7620.38톤
21. 선미 피이크 탱크 내 물 전체를 이송하고 이중저 탱크에 55톤의 물을 채움
22. 300톤
23. 2°21′ : 1°17′
24. 양의 전단력 4톤. 양의 휨 모멘트 42톤－미터.
25. 양의 전단력 5톤. 음의 휨 모멘트 25톤－미터.
26. 92.3톤
27. 17.248; 첫째 종좌표에서 74 m; 0.642
28. 0.375 m; 0.45 m
29. 좌현 219.93톤; 우현 30.07톤
30. 6885.5톤
31. 쓰러스트 합력은 1139.04톤, 압력 중심은 기저 위쪽 8.07 m
32. 3280 m^2, 24.09톤, 선체 중앙 전방 3.19 m, 1592000 m^4, 1567781 m^4, 134978 m^4.
33. 선미 5.20 m, 선수 4.01 m
34. 83.75°, 근사적으로 15°, 2.39 m, 45°, 46200톤－미터
35. 상방향 반력 P는 700톤, 0.523 m 또는 0.616 m
36. 12.77초, 12.73초, 횡요 주기가 < 18 ~ 22초이기 때문에 '탄력있는 배(stiff ship)'이다
37. 선미로부터 16 m와 32 m에서 전단력 = 50톤, 선미로부터 24 m에서 휨 모멘트 = 600톤－미터
38. 6.15 m, +0.27 m
39. GM = +1.8 m 그러므로 선박은 안정, GM = 0이므로 선박은 중립 평형 상태
40. 선미 흘수 8.23 m, 선수 흘수 7.79 m, 재화중량 9195톤, 선미 트림 0.44 m
41. 선미 흘수는 6.91 m, 선수 흘수는 6.87 m
42. 3.8°

43. 0.48 m, 1.13°, 8050톤, 8.51 m

44. 본문의 서술, 그림 및 표식 참고

45. 최대 휨 모멘트는 41.5톤−미터. 길이 중앙에서 발생.

46. 1.6 m, 40°, 12°, 72.5°

47. 선미 흘수 5.92 m, 선수 흘수 5.59 m

48. 좌현 6.8°

49. T_R = 28.2초…횡동요 주기 > 18~22초 이므로 비교적 '무른 배(tender ship)'에 속함

50. 261.2 m^2, LCG는 첫째 1/2 종좌표에서 7.85 m 전방에 위치

찾아보기

Index

가

다

마

자

차

카

타

파

하

기타